하수도시설

노섭 저

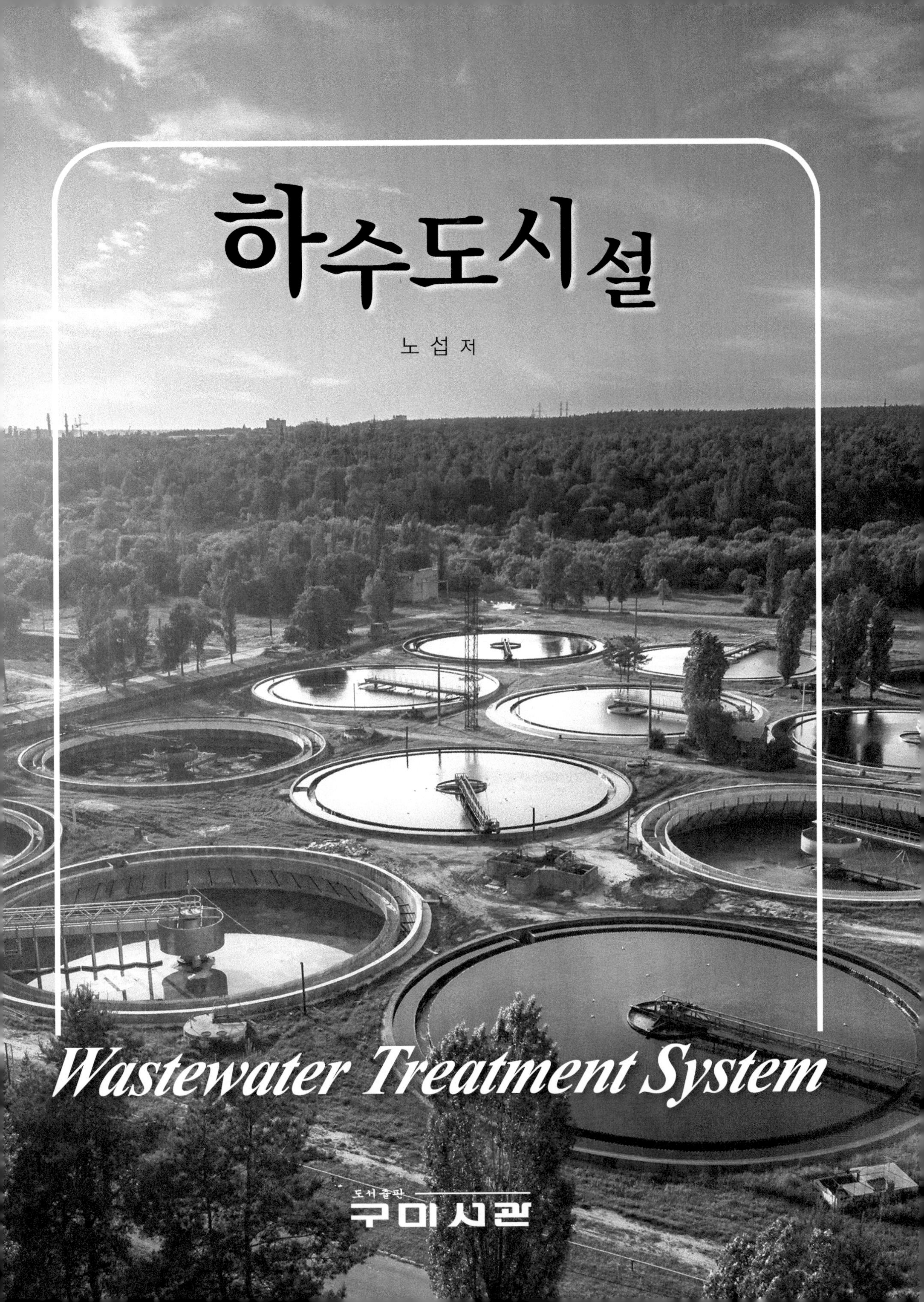

Wastewater Treatment System

도서출판 구미서관

머리말

인류는 풍요로운 세상을 만들기 위하여 끊임없는 성장과 각종 개발에 열중하였으나, 최근 환경보호라는 큰 문제에 부딪히게 되었다. 이러한 환경과 관련된 문제는 일본에서 방사능에 오염된 후쿠시마 원자력발전소 냉각수 해상방류와 같이 각 나라마다의 문제와 더불어 국제적인 대응이나 대책이 요구되고 있으며 정치적인 문제로 까지 발전하고 있다. 이와 같이 환경의 문제는 매우 복잡한 관계를 가지므로 단순한 대책 및 대응으로 마무리 할 수 없을 것이다.

오늘날 제 4차 산업이라고 하는 산업의 급격한 발전과 인구의 도시집중, 에너지의 대량사용, 기후변화 및 지구온난화 등 하천의 자정작용 한계를 넘어서는 폐수와 폐기물이 정화과정을 완벽하게 거치지 않고 방출되어 생태계에 영향을 미치고 국민건강에 심각한 문제를 야기하고 있다. 그러므로 하수도 및 하수도의 처리효과 향상을 위하여 생물학적, 화학적, 물리적인 처리 등 다양한 공정에 의한 처리시스템을 구성해야 하므로 하수도 및 하수도 공학이 다루어야 할 분야가 더욱 확대되고 있다.

이 책의 내용을 정리해보면 1장에는 하수도의 시설계획에 대하여 설명하였고, 2장에서는 하수관로 시설을 설명하였으며, 3장에서는 하수처리장 시설, 4장에서는 펌프장 시설을 다루었다. 각 장에는 실무능력을 향상시킬 실무예제와 각 내용에서 중요한 핵심내용 및 연습문제(되짚어보기)로 구성되었다.

이와 같이 본 책의 목적은 인류가 생명을 유지하고 생활하는데 필수적인 물에 관하여 전공자가 하수도시설에 관한 정보를 습득하는데 가능한 편리하도록 하는데 있으므로 편한 마음으로 접근하기를 당부한다. 이와 같이 하수도시설에 대한 정보를 정확한 이해와 용이한 접근성을 통하여 향후 물과 관련된 학문을 수학하는 전공학도들과 물과 관련된 업무에 종사하는 실무기술자에게 도움이 되도록 기여하고자 한다.

Wastewater Treatment System

CHAPTER 1 하수도 시설계획

CHAPTER 2 하수관로 계획

목 차

CHAPTER 4 펌프장 시설

부록

CHAPTER 1

하수도 시설계획

Wastewater Treatment System

CHAPTER 1

하수도 시설계획

1.1 하수도

· TIP

주요 정리사항은 하수도의 정의, 목적, 효과 및 용어이며, 또한 하수도의 구성 및 계통에 대해서도 정리하고 이해한다.

1.1.1 하수도의 정의

인간이 생활하고 생산활동을 하기 위해서는 폐기물(waste)이 생기며, 폐기물에는 유기(organic waste) 및 무기(inorganic waste)폐기물로 분류한다. 그러나, 모래나 자갈, 흙, 재 등은 일반적으로 고형폐기물(solid waste)이라고 하며 하수는 액상폐기물(liquid waste)이라고 한다. 하수도 시설은 상수도의 시설과 같이 시민의 보건위생상 극히 중요하며 오염된 폐수를 정화하여 인체에 무해토록 하여 하천이나 근해에 방류하는 것이다. 즉, 하수도라 함은 오수 또는 우수를 배제 또는 처리하기 위하여 설치되는 도관, 기타의 공작물과 시설의 총체를 말한다.

하수(sewage)란 상수(water supply)에 대한 반대이며, 하수를 통과시키는 수로를 하수관거(sewer)라 한다. 하수를 대별하면 오수(sanitary sewage), 우수(storm sewage), 공장폐수(industrial waste) 등으로 구분되며 하수를 처리하는 데 있어서도 신선하수(fresh sewage)와 부폐하수(septic sewage)로 나누어진다.

상수도는 하천 표류수 및 지하수의 물을 수원으로 하여 이것을 처리한 후 정수로 하여 배수관을 통하여 급수하는 것이나 하수도는 역으로 각 가정으로부터 배출되는 오수를 집결시켜 처리하는 장소까지 보내어 정화시킨 후 바다나 하천으로 방류하는 것이다.

하수 즉, 오수(汚水) 및 우수(雨水)를 배제(排除) 또는 처리하기 위하여 설치되는 도관, 기타 공작물과 시설의 총체이며, 농작물의 경작으로 인한 하수는 제외한다. 하수도의 설치 목적, 효과, 기본계획 시 조사사항은 다음과 같다.

(1) 하수도의 설치목적

① 도시의 오수 및 우수를 배제, 안전하게 처리하여 쾌적한 생활환경의 개선을 도모한다.
② 오·탁수를 처리한다.
③ 하천의 수질오염으로부터 보호한다.
④ 우수의 신속한 배제로 침수에 의한 재해를 예방한다.

(2) 하수도의 효과

① 보건(공중) 위생상의 효과로 하수도는 질병의 발생방지 및 전염병의 매개체인 파리, 모기의 발생 방지의 효과가 크다.
② 토지이용의 확대로 하수도로 인한 지하수위를 저하시켜 양호한 토지로 개량하여 도시의 발전을 촉진하며, 하수도 시설의 규모 및 배치를 목적으로 한다.
③ 하천의 수질보전으로 하수도의 정비가 수질오염의 방지와 수질보전의 효과를 크게 한다.
④ 분뇨처리의 해결로 하수도의 정비로 인해 분뇨를 하수도로 방류할 수 있게 되어서 처분 비용의 절감 효과를 준다.
⑤ 도시환경의 개선 및 쾌적한 생활환경 유지로 하수도의 완성에 의해 도시미관을 증대시키며, 살기 좋은 생활을 영위할 수 있는 정신적 효과가 크다.
⑥ 우수에 의한 침수 및 범람을 방지한다.
⑦ 하천 복개에 따른 도로 이용률 증가 및 도로노면의 손상을 경감하고 암거로 인한 토사량을 감소시켜 하천의 유지비를 절감한다.

(3) 하수처리장 설계

소규모 하수처리장에서 처리수질 정화의 조건을 만족시키는 처리법으로는 생물산화처리, 혐기성 반응을 응용한 처리, 자연정화 기능을 응용한 처리방식 등이 있다. 어떤 처리방식을 택할 것인가는 처리 대상이 개별처리인가, 또는 방류선의 폐쇄수역 여부, 처리시설을 설치하는 장소가 주택이 밀접한 주거지역 인가의 여부 등을 고려하여 선택해야 한다. 또한 소규모 생활잡배수 처리에 있어서는 제거율이 그다지 높지 않아도 유지관리가 매우 용이해서 경제적으로 실시되어야 하며 간이 처리기술이나 자연정화 기능을 활용하여 생활 잡배수를 처리하면 반드시 페슬러지 등의 고형 물질이 생기게 된다. 대체로 생활 잡배수 처리에는 고형물질의 발생량이 매우 많기 때문에 수거, 처리, 처분대책이 확립되지 않으면 생활 잡배수가 해결되었다고 할 수 없다. 따라서, 소규모 하수처리장에 있어서 처리방식은 어떻게 양질의 처리수질을 얻는가, 또 어떻게 발생한 고형물 등을 처분하는가의 두 가지 측면에서 이루어져야 할 일이다. 하수처리장 설계 시 유의해야 할 사항은 다음과 같다.

① 경제적으로 실시될 수 있어야 할 것.
② 유지관리가 용이할 것.
③ 유량 및 수질변동에 대처가 용이할 것.
④ 가능한 한 슬러지 발생량이 적을 것.
⑤ BOD, SS 이외에 질소나 인의 제거를 기대할 수 있을 것.
⑥ 약품이나 전력의 소비가 적을 것.
⑦ 처리시설 및 처리수가 위생적으로 안전할 것.
⑧ 가능한 한 신속한 처리가 용이할 것.
⑨ 소음이나 악취 등 2차 공해의 발생이 적을 것.

(4) 하수도 기본계획

하수도 계획은 오수의 배제, 처리 및 우수배제의 기능을 기본적으로 하며, 환경보전법에 설정되어 있는 환경기준의 달성을 위하여 계획되어야 한다. 하수도 계획에 있어서는 우수배제, 오수의 배제 및 처리 그리고 슬러지 처리 및 처분의 기능을 함께 갖출 것을 기본적인 조건으로 한다.

하수도계획(master plan)의 목표 년도는 원칙적으로 20년 후로 하며, 계획구역은 행정상의 경계에만 의존하지 말고 배수지역별로 광역적 및 종합적으로 계획을 수립한다. 하수도 기본계획 시 조사사항은 다음과 같다.

① 하수도 계획구역 및 배수계통
② 주요 간선 펌프장 및 하수종말 처리장의 위치 및 방식
③ 하수의 배제방식
④ 계획인구 및 포화 인구의 밀도
⑤ 오수량, 지하수량 및 우수유출량 조사

⑥ 지형 및 지질조사
⑦ 강우량
⑧ 도시계획
⑨ 기존 하수관로 현황
⑩ 재정계획

하수도 계획은 다음과 같이 정리할 수 있다.

(1) 기본조건

하수도를 계획하는 데는 오수 및 우수의 배제시설의 정비를 필요로 하는 계획 배수구역을 정하며, 그 배수구역을 한 개 혹은 한 개 이상의 배수계통으로 나누어, 어떠한 계통에 의하여 하수를 배제할 것인가를 결정하고, 계획하수량, 배수방법, 처리방법 등을 정하여 펌프장, 처리장, 최종 방류구의 위치 등을 정하는 것이 기본적인 계획의 순서이다. 이때 고려해야 할 사항은 다음과 같다.

① 하수도의 배치, 계획 배수구역 내의 우수유출량 및 발생 오수량의 배제처리가 가능할 것.
② 하수의 배제는 자연유하식이 되도록 배치계획을 하여야 하며, 지형적 조건으로 부득이 펌프배제를 할 경우는 가급적 그 범위를 작게 할 것.
③ 하수관로, 중간펌프장, 방류구, 배수펌프장, 하수처리장 등의 전반적인 배열은 지형, 건설비, 유지관리비 등을 충분히 검토해서 정할 것.
④ 하수도 시설의 구조는 자중, 적재하중, 적설하중, 풍압, 수압, 토압, 진동충격 등에 대하여 안전하고 누수가 없어야 하고, 특히 하수처리장이나 펌프장과 같이 저지대에 설치되어 있는 경우에는 침수로 인한 기능을 잃지 않도록 할 것.
⑤ 하수도 시설의 계획도 도시의 장래 발전상황을 고려하여 10~15년 후의 목표연도를 생각할 것.

(2) 설계 기간

하수도 계획의 목표연도는 너무 길게 잡으면 초기 건설비가 커서 비경제적이고, 반대로 너무 짧으면 자주 확장공사를 하여야 하는 불합리한 점이 있으므로 도시발전의 추세를 감안하여 적절히 정해야 한다. 이 기간은 하수도 시설의 유형에 따라 다르나 일반적으로 적절한 설계 기간은 다음과 같은 것에 기초를 두고 선정한다.

① 장비, 축조물 등의 내용권한
② 시설을 확장하게 될 때의 난이도와 그 위치
③ 그 도시의 인구증가와 하수량
④ 차입금에 대한 이자의 증가율

(3) 우수배제 계획

우수배제에 관한 하수도 계획은 대상지역의 우수배제와 관련 있는 하천, 농업용 배수로 및 기타 배수로 등과 함께 하수도를 포함한 종합적인 우수 배제계획을 수립한다.

(4) 오수처리 계획

오수처리 계획은 다음 사항을 고려하여 정한다.

① 수질 환경기준과 하수도

수질환경 기준이 설정되어 있는 수역의 하수도 계획은 해당 수역 수질 환경기준의 달성을 전제로 하여 정한다.

② 하수도정비 기본계획

하수도정비에 대해서 합리적인 투자가 되도록 종합적인 하수도 정비계획을 수립하여 이를 기본으로 하여 개별 하수도사업을 실시하여야 한다.

③ 물 이용계획과 하수도

처리수의 계획적인 순환이용을 하기 위해서는 해당지역의 물 이용계획에 과한 종합적인 계획 중에서 처리수의 재이용 등 순환이용계획을 명확히 하여 지역에 적합한 하수도 계획을 수립한다.

④ 슬러지의 처리 및 처분계획

발생하는 슬러지 성상은 유입하수의 수질에 따라 다양하기 때문에 슬러지성상, 도시화 상황 및 지리적 조건 등 지역특성에 적합하며, 유효이용을 고려한 장기적이고 안정성 있는 계획을 수립한다.

(5) 오수관거 계획

오수관거 계획은 다음 사항을 고려하여 정한다.

① **오수관거** : 계획시간 최대오수량을 기준으로 계획한다.
② **차집관거** : 합류식에서 하수의 차집관거는 우천시 계획오수량을 기준으로 계획한다.
③ **합류식 관거** : 계획우수량 + 계획시간 최대오수량
④ 관거는 원칙적으로 암거로 하며, 수밀한 구조로 하여야 한다.
⑤ 관거배치는 지형, 지질, 도로 폭 및 지하매설물 등을 고려하여 정한다.
⑥ 관거단면, 형상 및 경사는 관거 내의 침전물이 퇴적하지 않도록 적당한 유속을 확보할 수 있도록 한다.
⑦ 관거의 역사이펀은 가능한 한 피하도록 한다.
⑧ 오수관거와 우수관거가 교차하여 역사이펀을 피할 수 없을 경우에는 오수관거를 역사이펀으로 하는 것이 바람직하다.

(6) 우수관로 계획

우수관로 계획은 수두손실을 최소로 하도록 계획하며 동수구배선이 지표면보다 높지 않도록 한다. 관거 내의 단면형상 및 구배는 관거 내의 침전물이 퇴적하지 않도록 유속이 1.0~1.8m/s가 확보되도록 한다. 관거의 분류점, 합류점, 굴곡부 및 맨홀 등에서의 에너지 손실을 가능한 한 적게 하도록 배치한다.

1.1.2 하수도의 구성 및 계통

하수처리 방식은 방류지역의 상태에 따라 달라지며 일반적으로 방류수역의 환경기준을 만족할 수 있는 2차 처리가 가능한 처리시설이 주로 채택되지만, 호소나 폐쇄성 해역에 대해서는 그에 적당한 영양물질의 처리시설을 고려해야 한다. 또한, 유입하수량과 수질의 부하변동, 방류수역의 유량 및 용수 이용현황, 처리장 규모 및 입지 조건, 유지 관리상의 조건, 경제성 등을 고려할 수 있는 제반 요소들에 대한 기준을 설정하여야 한다. 도시 하수처리 계통도는 다음과 같다.

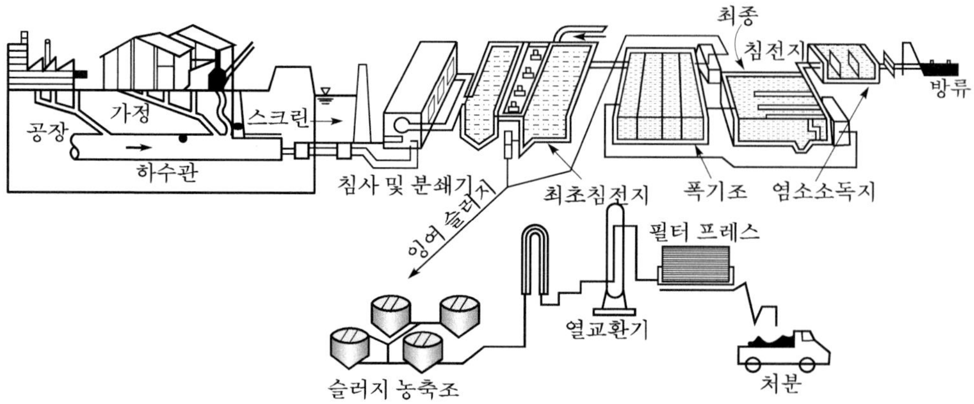

그림 1.1 하수도의 구성(계통)도

즉, 하수도의 구성 및 계통을 정리하면 다음과 같다.

(1) 집·배수시설 → 하수처리시설 → 방류 및 처분시설
(2) 가정 → 지선하수관거 → 연결하수관거 → 부간선 하수관거 → 간선하수관거 → 집수관거 (차집관거) → 종말하수관거 → 하수처리장

여기에서 차집관거는 합류식에서 청천 시 하수나 우천 시 일정량의 하수를 차집하여 하수처리장으로 운송하기 위한 관거이고. 간선에서 오수 관거의 유입시간 표준값은 5분이며, 지선 오수 관거의 유입시간 표준값은 7~10분이다.

도시의 하수처리시설은 규모가 크기 때문에 용지의 확보가 용이하지 않은 도시의 인구 밀집지역에 알맞고 가능한 축소된 형태의 처리방식이 요구되며, 기본적으로 방류수질 기준을 만족하면서 가장 경제적인 처리시설의 선택이 적합하다. 궁극적으로 경제성이 없는 처리방식은 실제 채택하기에 어려움이 많고 경제성 이외의 요소들은 상대적으로 중요도가 아주 작기 때문이다. 처리장의 운전에 많은 인력이 소요되어 우수한 인력의 확보가 용이한 대규모의 도시 하수처리장에 비해 소규모 읍·면지역은 다양한 지역 특성을 가지고 또 사업을 시행하는 지방자치단체가 방류 수질 기준을 충분히 만족할 만큼 기술이 축적되어 있지 않은 상태이며, 특히 하수 처리장의 유지관리를 위한 기술자의 확보도 곤란하기 때문에 가능한 유지관리가 쉬운 처리시설을 선정하는 것이 필요하다. 또 하수발생량의 변화가 크기 때문에 이에 대처할 수 있는 방안도 고려해야 한다. 한편, 소규모하수도란 하나의 하수도 계획구역에서 계획인구가 10,000명 이하인 하수도를 말한다.

1.2 하수의 배제방식

· **TIP**

주요 정리사항은 배수계통의 종류와 특징 및 적용지역, 합류식과 분류식의 장·단점 비교와 각 배수계통의 적용과 합류식 및 분류식 하수도의 특징을 정리한다.

1.2.1 하수의 배제방식

하수의 배제방식은 분류식과 합류식이 있으며, 하수도 시설의 계통 선정시 우선적으로 결정하여야 하며 지역 특성과 방류수역의 여건 등을 고려하여 설계한다.

(1) 분류식(Seperate system)

오수와 우수를 별도로 설치하여 오수만을 처리장으로 이송하는 방식으로 강우 시 오수가 방류되는 일이 없어 수계의 수질오염 방지에 효과적이다.

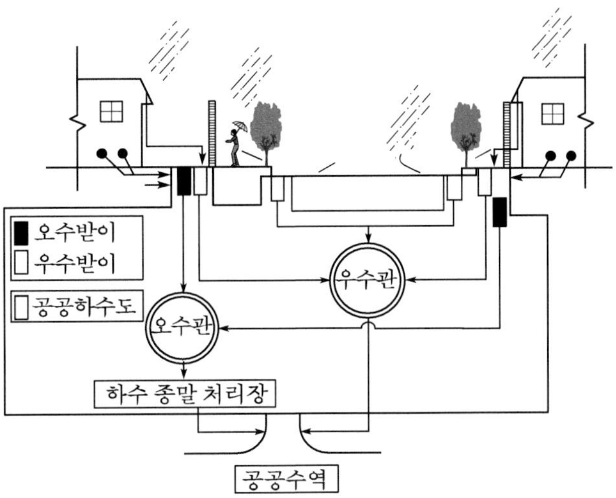

그림 1.2 분류식 배제방식

(2) 합류식(Conbined system)

단일 관거로 오수와 우수를 한꺼번에 배제하는 방식으로 침수 피해가 빈번한 지역에 효과적인 방법이다.

분류식 하수도의 슬러지는 합류식 하수도와 비교하여 잉여활성슬러지의 비율이 많고, 잉여활성슬러지 중에 유기질이 많아지므로 중력식의 농축으로는 슬러지의 고형물 농도가 높아지기 어려우므로 슬러지 처리에서는 농도가 낮은 슬러지를 취급하게 된다. 합류식 하수도에서도 수세식 화장실이 보급된 처리장에서는 정도는 적으나 같은 문제가 일어나는 예가 있다. 이와 같은 분류식 하수도와 합류식 하수도의 차이를 인식하고 차이의 정도에 따라 운전관리를 개선하고 처리장 시설의 보다 나은 관리에 노력하는 것이 바람직하다.

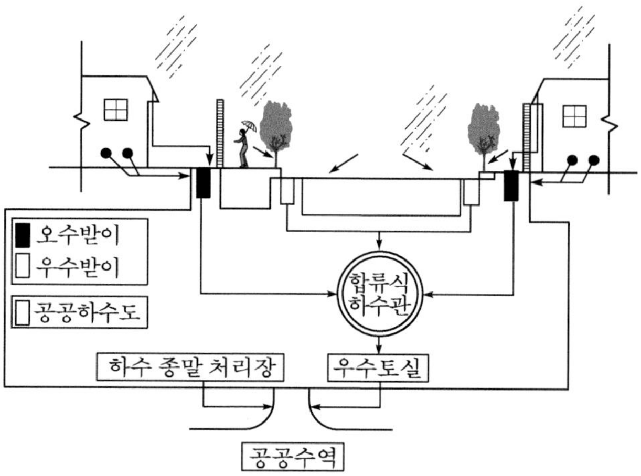

그림 1.3 합류식 배제방식

표 1.1 분류식과 합류식 하수거의 비교

구분	장 점	단 점
분류식	• 오수만을 처리하므로 오수 처리비용이 상대적으로 저렴하다. • 우수만을 처리하므로 우수 처리비용이 상대적으로 저렴하다. • 오수만을 하수처리장으로 보내어 완전 처리할 수 있다. • 강우시의 오수처리에 유리하다.(오수의 완전 처리가 가능) • 모든 오수를 처리할 수 있으므로 수질개선에 효과적이다. • 위생상 관점에서 분류식이 바람직하다.(우수) • 유량 및 유속의 변동폭이 작다. • 처리장에 유입되는 하수량의 변화와 토사유입량이 적다. 따라서, 펌프용량의 변동도 작다.	• 관로의 직경이 작지만 관거의 공사비(시설비용)가 많이 든다.(오수관과 우수거를 별도로 설치하므로) • 강우초기에 도로나 관로내에 퇴적된 오염물질이 그대로 강으로 합류(월류)한다. • 우천시 우수가 미처리되어 전부 공공수역에 방류되기 때문에 수질오탁의 문제가 발생한다. • 오수관거와 우수관거를 동일도로에 매설하지 않는다.(∵ 오접합의 우려가 많기 때문) • 관거오접에 대한 철저한 감시가 필요하다. • 처리장 유입하수의 부하농도가 늘어난다.

구분	장 점	단 점
합류식	• 우수를 신속하게 배제하기 위해 지형에 적합한 관망으로 관거를 계획한다. • 전 우수수량을 처리장으로 도달시켜 완전처리가 가능하다. • 강우초기의 오염된 우수의 처리가 가능하다. (오염도가 심한 초기 우수를 처리할 수 있다.) • 강우시 水洗효과를 기대할 수 있다. • 관거의 부설비(건설비용)가 적게 든다. • 경제적인 관점에서 합리식이 유리하다.(우수) • 단면적이 크기 때문에 관의 검사에 편리하고 수리(보수) 및 청소 등에 유리하다. • 관거 단면이 크므로 경사가 완만하고 매설깊이가 작다.	• 우천시 일정한 유량 이상이 되면 오수의 월류현상이 발생한다. • 우천시 처리장으로 다량의 토사가 유입되어 침전지에 퇴적된다. • 강우시 비점원 오염물질을 하수 처리장에 유입시켜 이에 따른 대책이 필요하다. • 청천시 수위가 낮고 유속이 적어 오물이 침전하기 쉽다. • 평상시에는 퇴적량이 분류식에 비해 많다. • 오수량의 증가시 청천시 월류현상이 발생한다. • 하수관거 내의 유속의 변화폭이 크다. • 하수처리장에 유입하는 하수의 수질변동이 크다.

(3) 토출구의 선정

토출구(out fall)는 하수도 시설로부터 하수를 공공수역에 방류하는 시설을 말하며, 위치 및 구조의 결정은 방류수역의 위치, 수량, 물, 이용상황, 수질환경기준의 설정상황 및 하천 개수계획 등을 충분히 조사하여 외수의 역류를 방지할 수 있도록 하고, 방류수역의 수질 및 수량에 대하여 지장이 없도록 한다. 토출구는 다음 3가지로 분류된다.

① 하수처리장에서 처리수의 토출구
② 분류식에서 우수토출구 및 펌프장의 토출구
③ 합류식에서 우수토출구 및 펌프장의 토출구

1.2.2 하수관거의 배치방식(배수계통)

하수도의 관거 배치방식은 배구 수역 내의 지형에 따라 가급적 펌프 양수를 피하고 자연 유하식으로 배치한다. 펌프장을 설치하더라도 양정을 낮게 하여 필요 없는 손실수두가 생기지 않도록 한다. 배수계통은 하수도 계획의 근본이 되는 것으로 그 잘못은 관거 매설에 있어서 중대한 영향을 미치게 하므로 유수의 유속을 고려하여 기술적으로 결정해야 하는데, 경우에 따라서는 여러 방식을 병용하여도 좋다. 배수계통은 대체로 다음과 같이 구별된다.

(1) 직각식

① 하수관거를 방류 수면에 직각으로 배치하는 방식으로 하천유량이 풍부할 때 하수배제가 가장 신속하며 경제적이다.

② 관거연장이 짧아지나 토구(吐口)수가 많아서 시내 하천의 수질오염이 일어나기 쉽고 하천이 도시의 중심을 지나갈 때 적당한 방식이다.

③ 방류수면의 수위가 높은 곳, 간만의 차가 심한 곳에는 역류를 막기 위해 방수(防水), 방조문(防潮門)을 설치해야 한다.

(2) 차집식

① 토구수가 많은 단점을 가진 직각식을 개량한 것으로 오염을 막기 위해 방류수면과 나란히 차집관거를 설치해 오수를 수집, 평상시 하수처리장으로 유도후 처리하여 강우시 강우에 의해 희석되어 방류한다. (우리나라에 많이 설치한 방식.)

② 우수토실(雨水吐室)을 설치해 우수는 직접 방류하고 오수만을 하수처리장으로 유도한다.

(3) 선형식(선상식)

① 지형이 한쪽 방향으로 경사져서 하수관이 수지상(나뭇가지) 모양으로 배열된 곳에 적용한다.

② 전 하수를 1개의 간선으로 모아 배제하므로 처리가 비교적 경제적이다.

③ 시가지 중심의 밀집지역에 하수간선이나 펌프장등이 집중된 **대도시의 경우 부적당**하다.

(4) 방사식

① 배수구역이 넓어서 한곳으로 배수하기 곤란한 곳 또는 시가지 중앙이 높고 주위를 향해 경사져 있는 경우에 적용된다.

② 도시 중심부에는 비교적 소관을, 중심부에서 멀어질수록 큰관을 매설한다.

③ 관거단면이 작고 연장도 짧게 되어 경제적이다.

④ 하수 방류수가 많아지고 펌프장이나 처리장의 수가 많아지는 결점도 있어 중·소 도시에서는 적용이 곤란하며 지역이 광대한 대도시에 적당하다.

(5) 평행식(평형식)

① 배수구역의 고저차가 심할 때 고부, 중부, 저부로 각각 독립된 배수계통을 만들어 배수한다.

② 각각의 독립된 간선을 형성한다.

③ 고지대와 저지대가 공존할 때 고지대는 자연유하식으로, 저지대는 펌프배수 등의 적당한 방법으로 처리장까지 하수를 유입시키는 방법이다.

④ 광대한 대도시에 적합한 방법이다.

(6) 집중식

① 사방에서 1개소로 향해 집중 유하시켜 펌프로 양수하는 방법이다.

② 지세상 도시의 중앙부가 낮고 사방에서 1개소로 향하여 집중적으로 흐르게 하여 다음 지점으로 집중시켜 양수할 경우에 이용하는 방식으로 저지역의 하수를 중계펌프장으로 집중시켜 양수할 경우 사용된다.

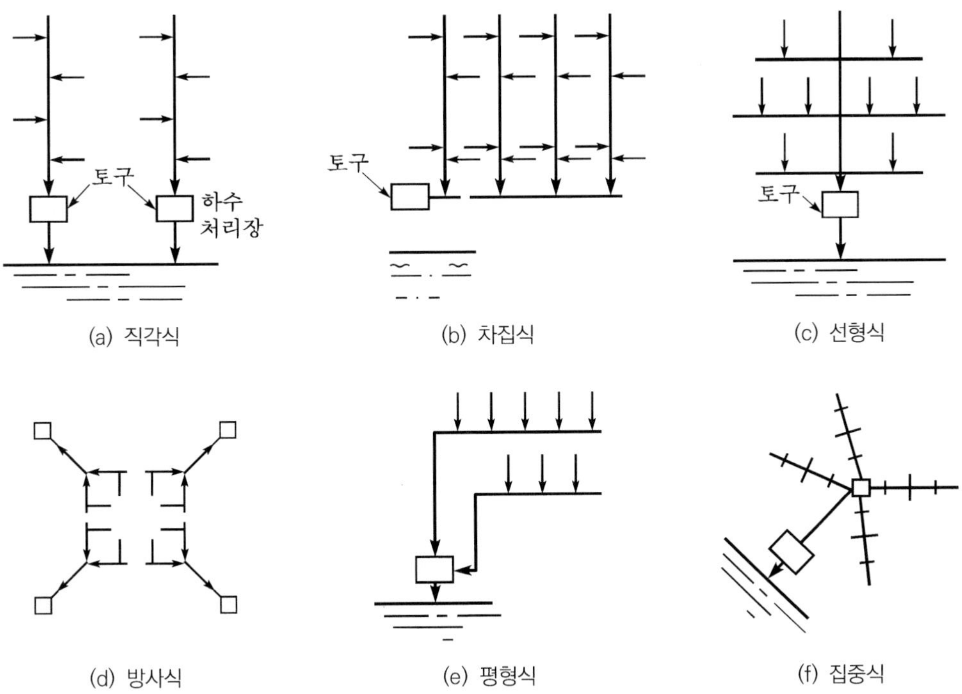

그림 1.4 관거의 배치방식

여러 가지 배수형식에 있어 간선 및 지선 하수관거의 배치를 합리적으로 해야 하는데, 하수는 자연유하를 시킴이 원칙이며, 간선은 필연적으로 연장이 길어지고 유하에 필요한 단면도 커지고, 매설심도도 깊어져서 토공비가 많아지므로, 간선 하수거는 지형을 충분히 참작하여 가급적 재래의 자연수로에 연하여 선정함이 좋다. 간선 하수관은 각 가로에 반드시 매설하여 택지의 배수와 노면의 배수를 함께 할 수 있도록 한다. 지선이라도 대관거가 되며 간선과 같은 방법으로 자연수로를 따라 선정하거나 되도록 굴곡을 피함이 좋다. 지선 하수관로를 선정하는 방침은 다음과 같다.

① 신속히 간선에 유입되도록 한다.
② 굴곡을 피한다.
③ 분수령을 고려한다.
④ 교통이 빈번한 가로나 지하 매설물이 많은 곳에는 큰 관경을 피한다.
⑤ 폭원이 넓은 가로에서는 유지관리상 지선 하수관을 2조로 하여 양측의 보도 밑에 매설한다.
⑥ 지형의 경사가 급한 곳에서는 관을 계단상으로 설치하며, 특히 큰 관은 급구배를 피하도록 한다.

1.3 계획하수량 산정

• **TIP**

하수도 계획에 관한 일반적인 사항과 계획 하수량 산정 방법이 중요하다. 특히 합리식을 이용한 계획우수량 산정은 필수적으로 이해해야 한다. 계획 오수량의 산정 방법과 우천 시 계획 오수량의 적용에 대해서도 정리한다.

하수량은 배관 설계의 기본이 되며, 가정, 공장, 공공시설물 등에서 배출되는 오수, 강우 시의 우수, 하수관거에 스며든 지하수를 포함한다. 관거의 청천 시 유량은 오수와 지하수의 합이고, 여기에 강우 시에 있어서 우수량을 합한 것이 우천시 유량이 된다. 우천 시 유량은 합류식에서 배관 설계의 기본으로 한다.

1.3.1 하수도 계획의 절차

하수도를 계획하는 절차는 아래의 절차도와 같다.

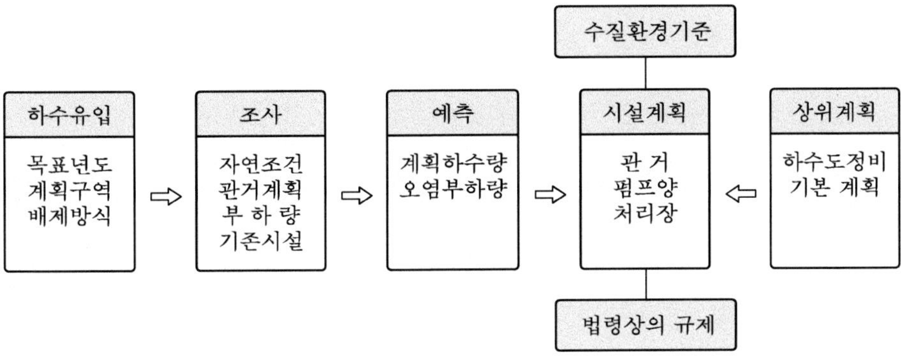

그림 1.5 하수도 계획 절차도

1.3.2 계획 목표연도

하수도 계획의 목표연도는 내용연수, 건설 기간 등을 고려하여 원칙적으로 20년 후로 하며 하천홍수위 영향을 받는 지역, 상수 침수지역 등은 상향 조절할 수 있다.

1.3.3 계획인구

계획인구는 계획 목표연도에서의 계획구역 내 발전상황을 예측하여 다음 사항을 기초로 하여 정한다.

(1) 계획 총인구의 추정

계획 총인구는 국토종합개발계획 및 도시계획 등에 의해 정해진 인구를 기초로 정한다. 단, 이와 같은 계획이 결정되지 않은 경우는 계획구역 내의 행정구역 단위별로 과거의 인구증가 추세에 의해 계획 목표연도의 인구를 추정한다.

① 추정 방법

㉮ Logistic 곡선식에 의한 방법

㉯ 지수 함수 곡선식에 의한 방법

㉰ 생잔 모형에 의한 조성법(Cohort method)

(2) 인구분포의 추정

계획구역내의 인구분포는 토지이용계획에 의한 인구밀도를 참고로 하여 계획 총인구를 배분하여 정한다.

(3) 서간인구

서간인구의 유입이 현저히 큰 지역에 대해서는 서간인구를 고려한다.

1.3.4 계획우수량 산정

강우가 오면 증발, 증산, 침투, 저류되어 실제의 유입은 감소하나, 오수량에 비하면 50~100배 이상이 되는데, 이를 우수유출량이라 하고 정확한 산정이 필요하다. 즉, 우수유출량 과대하게 산출하면 관거의 단면이 크게 되어 공사비의 초과를 초래하고, 또 최소로 하면 호우 때의 범람을 일으켜 하수도 부설의 목적에 위배되는 결과가 된다. 우수유출량을 좌우하는 것은 강우강도, 배수면적, 지세·지질 및 지표의 상태로서 이들의 인자에 의하여 유출량은 변화한다.

하수관거 설계에서 문제시 되는 것은 그 대상이 비교적 단시간에 유출되는 도심지이기에 전체의 우수량보다 단시간 집중호우에 의한 강우량이다. 하수도 계획에서는 이 강우량이 가장 중요한 인자로서 단위시간당의 강우량 즉, 강우강도를 채용하고 있으며, 보통 1시간에 몇 mm(mm/h)로 표시된다. 강우강도 측정에는 자기우량계에 의한 단시간의 기록을 근거로 하여 지속시간 5분, 10분, 15분, 20분, 30분, …… 등으로 구분하여 강우량을 그래프에 산출하고, 이들의 강우강도를 알기 쉽게 하기 위하여 강우지속시간을 1시간으로 환산해서 그 강도를 비교하고 있는데, 환산식은 다음과 같다.

$$I = R \times \frac{60}{t}$$

여기서, I : 강우강도(mm/hr)
R : 강우량(mm)
t : 시간(min.)

강우강도란 어떤 시간 내에 내린 비의 깊이를 한 시간당 우량으로 환산한 것으로, 강우강도가 클수록 지속시간이 짧고, 빈도가 작다. 강우강도공식은 Talbot형, Sherman형,

Japanese형 등이 있으며 다음과 같다.

$$\text{Talbot} : I = \frac{b}{t+a}$$

$$\text{Sherman} : I = \frac{c}{t^n}$$

$$\text{Japanese} : I = \frac{e}{\sqrt{t}+d}$$

여기서, t=분

a, b, c, d, e, n는 지역 및 확률년에 따른 계수

배수면적(drainage area)이란 배수구역 내의 하수 유출을 수반하지 않는 하천, 호소 등의 수면적 및 해안지대 등을 공제한 것으로 우수량 산정의 기본면적이 된다. 그러므로 이의 결정에 있어서는 상기 공제 면적에 대하여 단순히 현상에만 국한하지 말고 장래 매립 등으로 배수면적이 될 가능성이 많은 지역에 대해서도 충분한 고려가 있어야 한다. 배수면적의 측정은 1/3000 정도의 실측평면도에 배수구역 및 배수 분구를 기입하고 그 위에 각 관거에 대한 배수 구획을 정해서 이것을 구적기 또는 삼각법에 의하여 면적을 산정한다.

(1) 우수유출량 산정식

최대 계획 우수유출량의 산정은 합리식과 경험식이 있지만 원칙적으로 합리식에 의하는 것으로 한다. 단, 충분한 실측자료에 의한 검토를 한 경우에는 경험식에 의해도 좋다.

(2) 유출계수(C)

유역에 내린 전체 강우량에 대한 하수관거에 유입된 실제 우수유출량의 비율이다.

$$\therefore C = \frac{Q}{I \times A}$$

여기서, Q : 최대 우수유출량

A : 배수(집수)면적 (km^2, ha)

I : 유달시간 내 평균 강우강도(mm/hr)

① 상기 식이 의미하는 것은 다음과 같다.

$$\text{유출계수} = \frac{\text{최대 우수유출량}}{\text{평균강우량}}$$

② 유출계수 산출 시 중요한 요소들은 다음과 같다.

㉮ 기후 ㉯ 지형 ㉰ 지질
㉱ 지표상태 ㉲ 우수강도 ㉳ 강우지속시간
㉴ 배수면적 ㉵ 배수시설 ㉶ 주거형태

③ 각종 지표면의 유출계수를 정리하면 다음과 같다.

표 1.2 지표면 및 지구별에 따른 유출계수

지표면의 종류	유출계수(C)
지 붕	0.70~0.95
콘크리트, 아스팔트 포장면	0.90~0.95
돌, 벽돌의 포장면(양호한 상태)	0.75~0.85
돌, 벽돌의 포장면(불량한 상태)	0.40~0.70
마카담식 노면 및 보도	0.25~0.60
자갈로된 노면 및 보도	0.15~0.30
비포장 가로면, 공지 등	0.10~0.30
공원, 잔디밭 정원, 목초지	0.05~0.20
산림 및 농경지	0.01~0.20

지 구 별	유출계수(℃)
시중의 건물지구	0.7~0.9
주택지구	0.5~0.7
별로 조밀하지 않은 주택지구	0.25~0.5
공원, 광장	0.1~0.3
잔디밭, 정원, 목정, 전답	0.05~0.25
산림지방	0.01~0.2

유출계수는 공종별 기초 유출계수 및 공종 구성으로부터 총괄(평균) 유출계수를 구하는 것을 원칙으로 한다.

$$\therefore\ C_t = \frac{\sum C_i \times A_i}{\sum A_i}$$

여기서, C_t : 총괄 유출계수

C_i : 각 지역의 유출계수

A_i : 각 지역의 면적

A : 전체면적

실무예제 1.1

경기도 남부 Y시에서 하수도 계획 대상유역에서 분할된 각 구역별 유출계수가 다음 표와 같을 때 전체 유역의 유출계수는?

풀이

구역	구역면적(km^2)	토지상태	유출계수
1	0.014	콘크리트 포장	0.90
2	0.144	교외 주택지역	0.35
3	0.050	아파트 지역	0.60

$$C = \frac{0.014 \times 0.9 + 0.144 \times 0.35 + 0.050 \times 0.6}{0.014 + 0.144 + 0.050} = 0.447$$

(3) 확률년수

확률연수는 원칙적으로 10~20년으로 하되, 하천 홍수위 영향을 받는 지역, 상습 침수지역 등은 상향 조절할 수 있다. 호우는 광대한 배수구역에 같은 강도로 동시에 발생하는 경우는 거의 없는 공간적인 변화가 있는데, 이는 동일 시가지에 몇 개소의 관측기록을 보면 알 수 있다. 그러므로 배수구역 내의 어느 지점에서 최대강우강도를 주는 강우가 있었다고 해도 그 강우강도는 중심 부분의 것이며, 전 배수구역 내에 걸쳐 최대강도의 강우가 균등하게 분포되어 내렸다고는 할 수 없다. 대체로 강우 중심의 강도에 대하여 중심에서 멀어짐에 따라 강도는 약해지는 것이 일반적인 강우 현상이다. 또한 강우 중심은 이동하는 것이며, 중심의 이동 방향에서는 강도의 변화가 없고, 직각 방향으로 중심으로부터의 거리에 따라 강우강도의 저하가 있다. 대체로 강우의 성질은 지방에 따라 다르기 때문에 그 지방 특유의 강우분포 특성에 대해서 조사하여야 한다. 강우강도 산정은 도로의 암거, 배수시설, 비행장, 도시지역의 하수거 등의 설계에 필요하다. 확률강우량은 강우강도(rainfall intensity) –지속 기간(duration)–재현 빈도(frequncy) 곡선을 얻게 되면, 그 지역에 대한 최대의 확률강우량을 얻게 된다. 하수도 계획에서는 도시의 과거 기록을 참고하여 범람 피해가 적을 것으로 예상될 때는 재현기간 2~5년의 확률강우강도를 채택하나, 주거지역 내의 하수도에서는 2~10년, 상업지역 혹은 경제적 가치가 높은 지역에서는 10~15년, 홍수방제가 관심이 되는 간선 하수도는 50년 이상을 채택하고 있다. 확률연수는 5~10년을 원칙으로 하며, 다음과 같이 취하기도 한다.

① **주거지역 내의 하수도** : 2~10년(보통 5년을 채택)
② **상업지역 혹은 경제적 가치가 높은 지역** : 10~15년
③ **홍수방지가 중심이 되는 간선 하수도** : 50년 이상
④ 합류식의 경우는 분류식 우수관의 경우에 비해서 범람시에 오수를 포함한 하수가 범람하기 때문에 그 피해가 크게 되므로 빈도년도도 크게 한다.
⑤ 고속도로, 중요 교통노선의 배수를 감당할 펌프장 같은 특수시설은 우수 배제 능력에 여유를 둔다.

(4) 유달시간(도달시간, T)

우수가 배수유역의 가장 먼 지점에서 유역 출구까지 도달하는데 걸리는 시간으로 유입시간과 유하시간을 합한 것으로서 정의한다.

① **유입시간**(t_1) : 우수가 배수유역의 최원격 지점에서 하수관거 입구까지 유입되는데 걸리는 시간을 말한다.

② **유하시간**(t_2) : 하수관거 내에 유입된 우수가 하수관거 내를 흘러 유역 출구까지 유하하는데 걸리는 시간을 말한다.

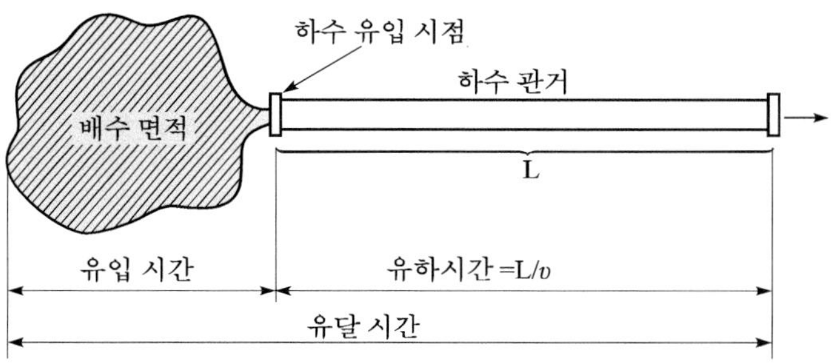

그림 1.6 유달시간의 산정

즉, 유달(도달)시간을 식으로 나타내면 다음과 같다.

$$T = t_1 + t_2 = t_1 + \frac{L}{V}$$

여기서, t_1 : 유입시간(min)

L : 하수관거의 길이(m)

V : 관내의 평균유속(m/min)

실무예제 1.2

Y대학 교내의 우수관의 길이 1,500m인 하수관 내에서 우수가 1.2m/sec의 속도로 흐르고 있다. 도달시간은? (단, 유입시간은 도시지역에 주로 적용되는 7분임.)

풀이

$$T = 7 + \frac{1{,}500}{1.2/\frac{1}{60}} = 27.83\text{min}$$

③ 유달시간의 특성을 정리하면 다음과 같다.

㉮ 유역면적이 작을수록 짧다.

㉯ 형상계수가 작을수록 짧다.

㉰ 경사가 급할수록 짧다.

㉱ 비투수성 지표일수록 짧다.

여기에서 형상계수 $k = \frac{\text{유역면적}}{\text{가장 긴 유로길이}}$ 이므로 k가 작으면 좁고 긴 유역이다.

(5) 지체현상

① 배수구역의 가장 먼 지점에 내린 우수가 배수구역의 최하류 지점에 도달할 때까지 강우가 계속되지 않는 한, 각 유역의 물이 동시에 최하류 지점에 모이는 경우가 없을 때를 지체현상이라 한다.

② 강우지속시간이 유달시간보다 길 경우($T < t$) 전배수구역에서 강우에 의한 유출이 동시에 하수관거 끝으로 모인다.

③ 유달시간이 강우지속시간보다 길 경우($T > t$) 전배수구역으로부터 우수가 동시에 모

이지 않는 지체현상이 발생한다.

(6) 합리식

어떤 유역 내의 강우강도와 첨두유량과의 관계를 나타내는 데 가장 대표적인 방법으로, 유역면적이 비교적 작은 유역에 사용해야 하며, 최대 계획 우수유출량의 산정은 원칙적으로 합리식에 의하는 것으로 한다.

① 기본가정

작은 면적의 불투수층 지역내에서 유달시간에 해당하는 강우가 유역에 내린 것으로 가정하므로 강우지속시간은 유달시간과 같다고 본다. 합리식은 배수면적의 단위에 따라 다음과 같다.

$$Q = \frac{1}{3.6} C \cdot I \cdot A$$

여기서, Q : 우수유출량(m^3/s) C : 유출계수

I : 강우강도(mm/h) A : 배수면적(km^2)

$$Q = \frac{1}{360} C \cdot I \cdot A$$

여기서, Q : 우수유출량(m^3/s) C : 유출계수

I : 강우강도(mm/h) A : 배수면적(ha)

(7) 강우강도(rainfall intensity)

강우강도는 시간당 내리는 강우량으로 다음과 같은 경험식이 활용된다.

① Talbot형 : $I = \frac{a}{t+b}$

② Sherman형 : $I = \frac{c}{t^n}$

③ Japanese형 : $I = \frac{d}{\sqrt{t+e}}$ (Hisano–Ishiguro형)

④ Cleveland형 : $I = \frac{f}{t^n + g}$

여기서, I : 강우강도(mm/h)

t : 강우지속시간(min)

a, b, c, d, e, f, g, n : 지역에 따라 달라지는 상수

실무예제 1.3

여주시 강천면 지역의 유출계수가 0.6이고, 유역면적 $2km^2$에 강우강도 200mm/hr의 강우가 있었다면 유출량은? (단, 합리식을 사용)

풀이

합리식 $Q = \frac{1}{3.6}CIA = \frac{1}{3.6} \times 0.6 \times 200 \times 2 = 66.67\ m^3/sec$

실무예제 1.4

여주시에서 재현기간 5년의 강우강도식이 $I=225/t^{0.393}$(mm/hr)이고, 배수면적은 0.04 km^2 이며, 유출계수는 0.6이다. 유역경계에서 우수거 입구까지 유입시간이 7분이고 우수거 하단까지의 유하시간이 9분이었다. 합리식에 의하여 우수거 하단에서의 최대 계획 우수유출량은?

풀이

$T = 7 + 9 = 16min$

$\therefore\ Q = \frac{1}{3.6} \times 0.6 \times \frac{225}{16^{0.393}} \times 0.04 = 0.5045\ m^3/s$

실무예제 1.5

여주시 흥천면에 유역면적이 5ha이고, 유입시간이 8분, 유출계수가 0.75일때 하수관거의 유량은 얼마인가? (단, 하수관거의 길이는 1km이며, 하수관내 유속은 40m/min 이며, 이 지역의 강우강도 I=3,970/(t+31)mm/hr 이다.)

풀이

$T = 8 + \frac{1,000}{40} = 33min$

$\therefore\ Q = \frac{1}{360} \times 0.75 \times \frac{3,970}{33+31} \times 5 = 0.646 m^3/s$

실무예제 1.6

여주시 시내에 강우강도 I=4,000/(t+30) mm/hr, 유역면적 5km^2, 유입시간 420초, 유출계수 0.8, 하수관거 길이 1km, 관내 유속 1.2m/sec인 경우의 최대 우수유출량을 합리식에 의해 구하면?

풀이

$$T = 7 + \frac{1,000}{1.2/\frac{1}{60}} = 20.89\text{min}$$

$$\therefore\ Q = \frac{1}{3.6} \times 0.8 \times \frac{4,000}{20.89+30} \times 5 = 87.33\ \text{m}^3/\text{s}$$

실무예제 1.7

배수면적이 1ha인 지역에 강우강도 $I = \frac{330}{\sqrt{t}+0.3}\ \text{mm/hr}$, 유출계수 0.85, 유달시간 9분일 때 우수량은 얼마인가?

풀이

$$\therefore\ Q = \frac{1}{360} \times 0.85 \times \frac{330}{\sqrt{9}+0.3} \times 1 = 0.236\ \text{m}^3/\text{s}$$

1.3.5 계획오수량 산정

계획오수량은 생활오수량(가정오수량 및 영업오수량), 공장폐수량 및 지하수량으로 구분하여 다음 사항을 고려하여 정한다. 오수량은 가정하수, 공장폐수 및 지하수를 포함하며, 이 중 가정하수의 영향이 크므로 일반적으로 이것을 기준으로 한다. 오수량 산출은 대개 20~30년에 있어서 장래인구 및 그 인구밀도를 정해서 계산한다. 장래 인구추정법에서 도시인구의 추정은 현저한 사회변동이 예상되지 않는 비교적 안정된 발전을 하고 있는 경우에는 도식해법, 등차급수법, 등비급수법 등 상수도에서 추정하는 방법과 동일하게 계산할 수가 있다. 그러나 사용하는 과거 실적은 장기간(20년 정도)의 기록으로부터 이상 증감을 제외하고 사용한다. 또, 고도의 산업개발이 행하여져 인구의 급격한 팽창이 예상되는 도시나 기타의 사회변동에 의하여 인구의 증감이 현저할 것 같은 도시에서는 그 특수성을 충분히 고려하여 추정할 필요가 있다. 인구추정 방법은 각 도시 혹은 자방자치단체 등에 의하여 추정된 자료를 사용하거나, 아래의 예측법 혹은 공인된 기타 방법에 의하여 과거 약 20년간의 인구증감을 고려하여 결정한다.

상수도의 급수량은 시각에 따라 변화하며, 오수량도 그에 따라 변화하나 그 시각은 대체로 급수량의 변화보다 조금 늦게 나타난다. 이와 같은 변화는 도시의 규모와 하수관 길이가 작을수록 크게 나타나는 경향이 있다. 하수도 계획에 있어서는 오수량은 이와 같은 변화를 참고하여 하수도 각부의 시설을 정하는데 그때의 기준이 되는 오수량에 따라 계획1일 최대오수량, 계획1일 평균 오수량, 계획시간최대오수량, 시설계획의 기초가 되는 계획오수량 등으로 구분된다.

① 오수량은 1인 1인당 최대급수량과 거의 같다.
② 오수량의 시간적 변화의 최대량은 일평균오수량의 1.5배를 시간 최대오수량으로 하는 방법이 보편적이다.
③ 1인 1일 오수량은 대도시에서는 180~250ℓ, 중소도시에서는 120~180ℓ 정도이다.
④ 오수량 $Q = \dfrac{\text{1인1일당최대오수량} \times \text{인구밀도} \times \text{배수면적}}{24 \times 60 \times 60}$ $(\mathrm{m^3/sec})$

(1) 생활오수량

생활오수량의 1인 1일 최대오수량은 계획목표연도에서 계획지역 내 상수도 계획(혹은 계획 예정)상의 1인 1일 최대급수량을 고려하여 결정하며, 용수지역별로 가정오수량과 영업오수량의 비율을 고려해야 한다.

(2) 공장폐수량

공장폐수 및 지하수 등을 사용하는 공장 및 사업체 중 폐수량이 많은 업체에 대해서는 개개의 폐수량 조사를 기초로 장래의 확장이나 신설을 고려하며, 그 밖의 업체에 대해서는 출하액당 용수량 또는 부지면적당 용수량을 기초로 결정한다.

(3) 지하수량

지하수량은 일반적으로 1인 1일 최대오수량의 10~20%로 하는데, 지하수의 유입은 하수관거의 접합불량, 관재질의 투수성, 관에 발생한 균열 등에 기인하는데, 지하수의 침투량을 적게 하기 위해서는 합리적인 관 접합방식을 채용하고, 되도록 밀도가 크고, 투수성이 작은 재질의 관을 사용하며, 토압이나 교통하중에 대하여 안전한 관을 설계하고 관을 매설할 때 적절한 기초공을 해야한다. 지하수 유입률은 하수관거의 길이, 배수면적, 토양과 지형, 길이와 이음)수를 결정하는 인구수에 의해서 좌우되며, 그 양의 추정은 매우 곤란하나 다음과 같은 가정이 널리 이용되고 있다.

① 하수관의 길이 1km당 0.2~0.4ℓ /sec정도가 침투 된다고 결정한다.
② 1인 1일 최대오수량의 10~20% 이고 평균 15%로 가정한다.
③ 1인 1일당 17~25ℓ 로 가정한다.
④ 배수면적당 17,500~36,300ℓ /day · ha로 가정한다.

(4) 계획 1일 최대오수량

1년을 통하여 가장 많은 오수가 유출되는 날의 오수량을 말한다,

② 하수처리 시설의 처리용량을 결정하는 기준이 되는 수량이다.
③ 하수처리장의 설계기준이 되는 수량이다.
④ 계획 1일 최대오수량은 1인 1일 최대오수량에 계획인구를 곱한 후, 여기에 공장폐수량, 지하수량 및 기타 배수량을 더한 것으로 한다. 즉 다음과 같은 식으로 정리된다.

$$\text{계획 1일 최대오수량} = (\text{1인 1일 최대오수량} \times \text{계획배수인구}) + \text{공장폐수량} + \text{지하수량} + \text{기타배수량}$$

실무예제 1.8

여주시의 도심지역 계획인구 50,000명에 생활오수량이 최대 500L/(인 · day)이고 공장폐수량이 3,000m^3/day일 때 지하수 혼입량이 1인 1일 최대오수량의 15%라면 계획 1일 최대오수량은?

풀이

$500 \times 10^{-3} \times 50{,}000(1+0.15)+3{,}000=31{,}750\text{m}^3/\text{d}$

(5) 계획 1일 평균오수량

① 1년 동안 유출되는 총오수량으로부터 1일당의 평균값을 나타낸 것이다.
② 계획 1일 평균오수량은 계획 1일 최대오수량의 70~80%를 표준으로 한다.

$$\text{계획 1일 평균오수량}=\text{(계획) 1일 최대오수량}\times\begin{cases}0.7\ (\text{중소도시})\\0.8\ (\text{대도시, 공업도시})\end{cases}$$

(6) 계획 시간 최대오수량

① 오수관거의 계획하수량을 결정하거나, 오수펌프의 용량을 결정하는 기준이 된다.

② 계획 시간 최대오수량

$$= \frac{\text{1일 최대오수량}}{24} \times \begin{cases} 1.3\,(\text{대도시 및 공업도시}) \\ 1.5\,(\text{중소도시}) \\ 1.8\,(\text{농촌, 주택단지}) \end{cases}$$

③ 계획 시간 최대오수량은 계획 1일 최대오수량의 1시간당 수량의 1.3(대도시)~1.8배(농촌)를 표준으로 한다.

(7) 합류식에서 우천 시 계획 오수량은 원칙적으로 계획 시간 최대오수량의 3배 이상으로 한다.

(8) 계획 하수량

① 하수량은 상수소비량과 같다는 가정하에 대도시의 경우 상수급수량의 70~80%를 계획 하수량으로 간주한다.

② 대도시의 경우 하수도 계획에 있어서 1인 1일당 오수량은 180~250ℓ 이다.

③ 합류식의 계획 하수량

표 1.3 종별 하수량

종 별	하 수 량
관거(차집관거 제외)	계획 시간 최대오수량 + 계획 우수량
차집관거 및 펌프장	계획 시간 최대오수량의 3배 이상
처리장의 최초 침전지까지 및 소독설비(부대설비 포함)	계획 시간 최대오수량의 3배 이상
처리장에서 상기 이외의 처리시설	계획 1일 최대오수량

(9) 첨두율(peak factor)

① 평균하수량에 대한 실제 하수량과의 비로 나타낸다.

$$\text{첨두율} = \frac{\text{실제 하수량}}{\text{평균 하수량}}$$

② 대구경 하수관거인 경우 1.3 이하이고, 지선(支線)일 경우 2.0 이상이 되기도 한다.

③ 첨두율은 소구경 관거에서는 높고 대구경일수록 낮다.
④ 인구와 첨두율의 관계 도면으로부터 최대, 최소 첨두율을 구할 수 있다.

1.4 하수의 수질

• **TIP**
하수처리장 방류수 수질기준과 질산화(Nitrification) 및 탈질화(Denitrification) 과정을 잘 정리해야 한다.

우리나라 환경보전법규에는 하수처리장에서 처리한 방류수의 수질은 하수도법에 의거 BOD 30mg/ℓ 이하, COD 50mg/ℓ 이하, SS 20mg/ℓ 이하로 강화하고, 총인(8mg/ℓ 이하)이 규제항목으로 추가되고 있으며, 방류수 수질기준을 초과하는 주된 이유는 다음과 같다.

① 유입하수량에 비하여 하수처리장의 용량이 부족한 경우
② 하수관거 정비불량에 기인하여 지하수, 계곡수의 유입으로 하수처리 효율이 떨어지는 경우
③ 분뇨의 정화조 슬러지와 연계처리시 유입수량과 수질관리가 제대로 이루어지지 못하는 경우
④ 전문기술 인력의 부족

1.4.1 하수처리장 방류수 수질 기준

하수처리장에서 하천 등지로 방류할 경우 처리수의 수질기준은 표 1.4과 같다. 또한, 오염물질의 배출허용기준 항목은 총질소, 총인, 색도이다.

표 1.4 하수처리장 방류수 수질 기준

구분		BOD mg/l	COD mg/l	SS mg/l	TN mg/l	TP mg/l
하수 종말 처리장	기타지역	20 이하	30 이하	20 이하	60 이하	8 이하
	특별대책지역 및 잠실 수중보 권역	10 이하	40 이하	10 이하	20 이하	2 이하

1.4.2 질소 제거

(1) 질산화 및 탈질산화

① 질산화(Nitrification)는 호기성 조건(Oxic condition)에서 다음과 같다.

$$NH_3-N \rightarrow NO_2-N \rightarrow NO_3-N$$

㉮ 단백질 형태의 유기물을 함유된 오수가 배출되면 자연에서 가수분해(加水分解)되어 아미노산(amino acid)으로 되고, 질산화균에 의해 암모니아성 질소(NH_3-N)에서 호기성 미생물인 nitrosomonas에 의해 아질산성 질소(NO_2-N)로 되며, 다시 nitrobacter에 의해 질산성 질소(NO_3-N)로 산화되는 과정을 말한다. 암모니아성 질소(NH_3-N) 1mg/ℓ 또는 1kg을 질산성 질소(NO_3-N)로 질산화 하는데 약 4.6mg/ℓ 의 산소가 필요하다.

㉯ 하천이 암모니아성 질소를 함유한 물질에 오염되면 질산화의 진행 정도에 따라 오염 발생 후 경과시간, 오염 발생지점, 오염 진행상태, 오염 발생 시기 등을 알아낼 수 있다. 즉,

단백질 ⇒Amino acid ⇒ 암모니아성 질소(NH_3-N)
⇒ 아질산성 질소(NO_2^--N) ⇒ 질산성 질소(NO_3^--N)

② 탈질(산)화(denitrification)는 혐기성 조건(Anoxic condition)에서 다음과 같다.

$$NO_3-N \rightarrow NO_2-N \rightarrow N_2$$

생물학적 탈질산화 반응은 암모니아성 질소가 질산화균에 의하여 질산화 과정의 최종산물인 질산성 질소(NO_3-N)로 변화되고 이것은 다시 환원박테리아에 의해 탈질화균이 N_2 가스로 환원 분해하여 다시 대기중으로 되돌아가는 과정을 말하며, 최종침전지에서 슬러지 부상이 일어날 때 발생하고 하수내에서 질소(N_2)는 유기성 질소 화합물과 NH_3의 형태로 존재한다.

③ 질소화합물의 규제 농도

㉮ 먹는물 기준
암모니아성 질소는 0.5mg/ℓ, 질산성 질소는 10mg/ℓ 이하여야 한다.

㉯ 물에서 암모니아성 질소가 발견되면 최근 오염이 되었음을 의미하고 아질산성 질소가 발견되면 과거에 오염되었음을 나타낸다.

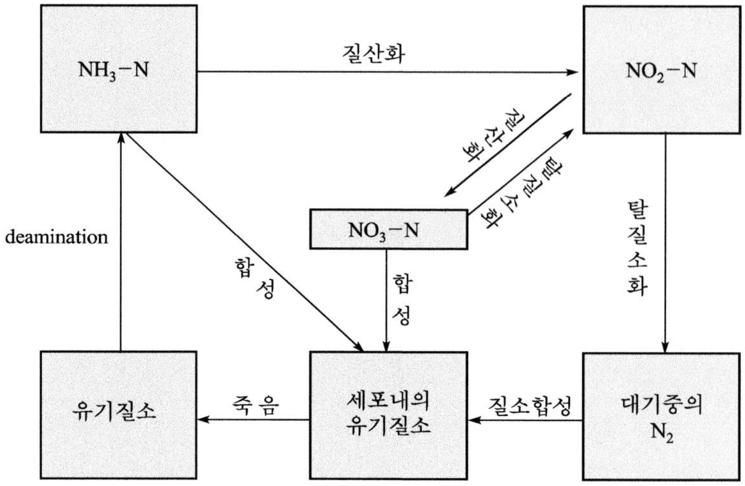

NH3−N
질산화
NO2−N
질산화
탈질소화
NO3−N
deamination
합성
합성
탈질소화
유기질소
죽음
세포내의 유기질소
질소합성
대기중의 N2

그림 1.7 질소의 변화

핵심용어 및 내용

1. 하수도의 효과

① 보건 위생상의 효과
② 토지이용 확대 → 하수도 시설의 규모 및 배치를 목적으로 함.
③ 하천의 수질보전

2. 하수도 기본계획 시 조사사항

① 하수도 계획구역 및 배수계통
② 주요 간선 펌프장 및 하수 처리장의 위치
③ 하수의 배제방식
④ 계획인구 및 포화 인구밀도
⑤ 오수량, 지하수량 및 우수유출량 조사

3. 하수배제방식 : 분류식과 합류식

4. 하수관거 배치방식

① 직각식(수직식) : 하천유량이 풍부할 때 하수배제가 가장 신속하며 경제적이다.
② 차집식 : 토구수가 많은 단점을 가진 직각식을 개량한 것
③ 선형식 : 지형이 한쪽 방향으로 경사져서 하수관이 수지상 모양으로 배열된 곳
④ 방사식 : 배수구역이 넓어서 한곳으로 배수하기 곤란한 곳 또는 시가지 중앙이 높고 주위를 향해 경사져 있는 경우에 적용된다.
⑤ 평행식(평형식) : 배수구역의 고저차가 심할 때 광대한 대도시에 적합한 방법이다.

5. 하수도 계획의 목표연도

원칙적으로 20년 후로 한다.

6. 평균 유출계수 : $\therefore\ C_t = \dfrac{\Sigma C_i \times A_i}{\Sigma A_i}$

7. 확률년수

원칙적으로 10~20년으로 한다.

9. 합리식

$$Q = \frac{1}{3.6} C \cdot I \cdot A$$

여기서, Q : 우수유출량(m^3/s)
C : 유출계수
I : 강우강도(mm/h)
A : 배수면적(km^2)

$$Q = \frac{1}{360} C \cdot I \cdot A$$

여기서, Q : 우수유출량(m^3/s)
C : 유출계수
I : 강우강도(mm/h)
A : 배수면적(ha)

10. 지하수량

1인 1일 최대오수량의 10~20%로 한다.

11. 계획 1일 평균오수량 : 계획 1일 최대오수량의 70~80%를 표준으로 한다.

계획 1일 평균급수량=(계획) 1일 최대오수량 × $\begin{cases} 0.7 \text{ (중소도시)} \\ 0.8 \text{ (대도시, 공업도시)} \end{cases}$

12. 질산화(Nitrification) 과정

$NH_3-N \rightarrow NO_2-N \rightarrow NO_3-N$

13. 탈질(산)화(denitrification) 과정

$NO_3-N \rightarrow NO_2-N \rightarrow N_2$

되짚어보기

1. 하수도의 설치목적은?

풀이

하수도의 설치 목적
① 쾌적한 생활환경 개선의 도모
② 하천의 수질오염으로부터의 보호
③ 침수에 의한 재해방지
④ 오·탁수의 처리

2. 하수도의 설치 효과는?

풀이

하수도의 효과
① 보건(공중) 위생상의 효과
② 토지이용의 확대 → 하수도 시설의 규모 및 배치를 목적으로 함
③ 하천의 수질보전
④ 분뇨처리의 해결
⑤ 도시환경의 개선 및 쾌적한 생활환경유지
⑥ 우수에 의한 침수 및 범람 방지
⑦ 하천복개에 따른 도로 이용률 증가

3. 하수도 시설의 일반적인 계통은?

풀이

집배수시설 – 처리시설 – 방류 또는 처분시설

4. 하수도 기본계획 시 조사항목은?

풀이

① 하수도 계획구역 및 배수계통
② 주요간선 펌프장 및 하수종말 처리장의 위치 및 방식
③ 하수의 배제방식
④ 계획인구 및 포화 인구의 밀도
⑤ 오수량, 지하수량 및 우수유출량 조사
⑥ 지형 및 지질조사

5. 하수의 배제 방법 중 합류식과 분류식의 차이와 장단점을 정리하시오.

풀이

구분	장 점	단 점
분류식	· 오수만을 처리하므로 오수 처리비용이 상대적으로 저렴하다. · 우수만을 처리하므로 우수 처리비용이 상대적으로 저렴하다. · 오수만을 하수처리장으로 보내어 완전 처리할 수 있다. · 강우시의 오수처리에 유리하다.(오수의 완전 처리가 가능) · 모든 오수를 처리할 수 있으므로 수질개선에 효과적이다. · 위생상 관점에서 분류식이 바람직하다. (우수) · 유량 및 유속의 변동폭이 작다. · 처리장에 유입되는 하수량의 변화와 토사유입량이 적다. 따라서, 펌프용량의 변동도 작다.	· 관로의 직경이 작지만 관거의 공사비(시설비용)가 많이 든다.(오수관과 우수거를 별도로 설치하므로) · 강우초기에 도로나 관로내에 퇴적된 오염물질이 그대로 강으로 합류(월류)한다. · 우천시 우수가 미처리되어 전부 공공수역에 방류되기 때문에 수질오탁의 문제가 발생한다. · 오수관거와 우수관거를 동일도로에 매설하지 않는다.(∵ 오접합의 우려가 많기 때문) · 관거오접에 대한 철저한 감시가 필요하다. · 처리장 유입하수의 부하농도가 늘어난다.
합류식	· 우수를 신속하게 배제하기 위해 지형에 적합한 관망으로 관거를 계획한다. · 전 우수량을 처리장으로 도달시켜 완전처리가 가능하다. · 강우초기의 오염된 우수의 처리가 가능하다.(오염도가 심한 초기 우수를 처리할 수 있다.) · 강우시 水洗효과를 기대할 수 있다. · 관거의 부설비(건설비용)가 적게 든다. · 경제적인 관점에서 합리식이 유리하다. (우수) · 단면적이 크기 때문에 관의 검사에 편리하고 수리(보수) 및 청소 등에 유리하다. · 관거 단면이 크므로 경사가 완만하고 매설깊이가 작다.	· 우천시 일정한 유량 이상이 되면 오수의 월류현상이 발생한다. · 우천시 처리장으로 다량의 토사가 유입되어 침전지에 퇴적된다. · 강우시 비점원 오염물질을 하수 처리장에 유입시켜 이에 따른 대책이 필요하다. · 청천시 수위가 낮고 유속이 적어 오물이 침전하기 쉽다. · 평상시에는 퇴적량이 분류식에 비해 많다. · 오수량의 증가시 청천시 월류현상이 발생한다. · 하수관거 내의 유속의 변화폭이 크다. · 하수처리장에 유입하는 하수의 수질변동이 크다.

6. 하수의 배수계통 즉, 배치방식은?

풀이

(1) 직각식

① 하수관거를 방류 수면에 직각으로 배치하는 방식으로 하천유량이 풍부할 때 하수배제가 가장 신속하며 경제적이다.

② 관거연장이 짧아지나 토구(吐口)수가 많아서 시내 하천의 수질오염이 일어나기 쉽고 하천이 도시의 중심을 지나갈 때 적당한 방식이다.

③ 방류수면의 수위가 높은 곳, 간만의 차가 심한 곳에는 역류를 막기 위해 방수(防水), 방조문(防潮門)을 설치해야 한다.

(2) 차집식

① 토구수가 많은 단점을 가진 직각식을 개량한 것으로 오염을 막기 위해 방류수면과 나란히 차집관거를 설치해 오수를 수집, 평상시 하수처리장으로 유도후 처리하여 강우시 강우에 의해 희석되어 방류한다.(우리나라에 많이 설치한 방식.)

② 우수토실(雨水吐室)을 설치해 우수는 직접 방류하고 오수만을 하수처리장으로 유도한다.

(3) 선형식(선상식)

① 지형이 한쪽 방향으로 경사져서 하수관이 수지상(나뭇가지) 모양으로 배열된 곳.

② 전 하수를 1개의 간선으로 모아 배제하므로 처리가 비교적 경제적이다.

③ 시가지 중심의 밀집지역에 하수간선이나 펌프장등이 집중된 대도시의 경우 부적당하다.

(4) 방사식

① 배수구역이 넓어서 한곳으로 배수하기 곤란한 곳 또는 시가지 중앙이 높고 주위를 향해 경사져 있는 경우에 적용된다.

② 도시 중심부에는 비교적 소관을, 중심부에서 멀어질수록 큰관을 매설한다.

③ 관거단면이 작고 연장도 짧게 되어 경제적이다.

④ 하수 방류수가 많아지고 펌프장이나 처리장의 수가 많아지는 결점도 있어 중·소 도시에서는 적용이 곤란하며 지역이 광대한 대도시에 적당하다.

(5) 평행식(평형식)

① 배수구역의 고저차가 심할 때 고부, 중부, 저부로 각각 독립된 배수계통을 만들어 배수한다.

② 각각의 독립된 간선을 형성.

③ 고지대와 저지대가 공존할 때 고지대는 자연유하식으로, 저지대는 펌프배수 등의 적당한 방법으로 처리장까지 하수를 유입시키는 방법.

④ 광대한 대도시에 적합한 방법이다.

(6) 집중식

① 사방에서 1개소로 향해 집중 유하시켜 펌프로 양수하는 방법.

7. 우리나라 하수도 계획에 있어 계획 우수량을 계산할 때 확률년수는 원칙적으로 얼마로 하는가?

풀이

10~20년

8. 유달(도달)시간이란?

풀이

우수가 배수유역의 최원격 지점에서 유역출구까지 도달하는데 걸리는 시간으로 유입시간과 유하시간을 합한 것으로서 정의한다.

9. 여주지역의 유역면적 2km^2, 유출계수 0.6인 어느 지역에서 2시간 동안에 70mm의 호우가 내렸다. 이 지역의 우수량은 얼마인가?

풀이

$$Q = \frac{1}{3.6} \times 0.6 \times 70/2 \times 2 = 11.67 m^3/s$$

10. 다음 그림에서 여주시내에 설치된 간선하수거 DA의 길이는 600m이고, 유역내 최원점 E에서 간선하수거의 입구 D까지 우수가 유하하는데 요하는 시간은 5분이다. 간선 하수거내 유속이 1m/sec라면 유달시간은 얼마인가?

풀이

$$T = 5 + \frac{600}{1/\frac{1}{60}} = 15 min$$

11. $I = \frac{3600}{t+30}$mm/hr, 유역면적 1.26km^2, 유입시간 5분, 유출계수 C=0.5, 관내의 유속이 1.5m/sec인 경우 관길이 900m인 하수관에서 흘러나오는 우수량은 얼마인가?

풀이

$$T = 5 + \frac{900}{1.5/\frac{1}{60}} = 15 min$$

$$Q = \frac{1}{3.6} \times 0.5 \times \frac{3,600}{15+30} \times 1.26 = 14 m^3/s$$

12. 인구가 10,000명인 A시에 폐수 배출시설 1개소가 있다. 이 폐수 배출시설의 유량은 200m^3/day이고, 평균 BOD 배출량이 500g/m^3이다. 만약, A시에 하수종말 처리장을 건설한다면, 계획인구수는 얼마로 하는 것이 타당한가? (단, 하수종말처리장 건설시 1인 1일 BOD 부하량은 50gBOD/인/일로 한다)

풀이

1일 폐수 BOD량은

농도×유량이므로 $500(g/m^3) \times 200(m^3/d) = 100{,}000(g/d)$

1인 1일 BOD 부하량은 50gBOD/인·일 이므로

$$\frac{100{,}000(g/d)}{50(g/\text{인}\cdot d)} = 2{,}000\text{명}$$

따라서, 계획인구는 10,000+2,000=12,000명이다.

13. 하수관거 설계 시 지하수량은 1인 1일 최대오수량의 어느 정도로 가정하여 산정하는가?

풀이

하수관거 설계시 지하수량은 1인 1일 최대오수량의 10~20%로 한다.

14. 계획 인구 5만명의 도시의 오수처리계획에서 1인 1일 최대 오수량이 500ℓ/인·일, 지하수량은 1인 1일 최대오수량의 20%로 했을 때의 계획 1일 최대오수량은 얼마 정도인가?

풀이

계획 1일 최대오수량$= 500 \times 10^{-3} \times 50{,}000(1+0.2) = 30{,}000m^3/d$

15. 오염물질의 배출허용기준에 포함되는 항목은?

풀이

오염물질의 배출허용기준 항목 : **총 질소, 총 인, 색도**

16. 생물학적 폐수처리 과정에서 미생물에 의해 유기성 질소가 분해, 산화되는 과정을 순서대로 나열하시오.

풀이

유기성질소 → NH3-N → NO2-N →NO3- N

17. 혐기성 상태에서 탈질산화(denitrification) 과정은?

풀이

질산성 질소 – 아질산성 질소 – 질소가스(N2)

CHAPTER 2

하수관로 시설

CHAPTER 2

하수관로 시설

2.1 하수관로 계획

· TIP

계획하수량의 적용, 개수로의 수리, 유속 및 경사, 최소관경, 관정부식, 접합방법, 하수관거 부속설비(맨홀, 역사이펀) 등에 대해 정리한다.

2.1.1 계획하수량

대부분의 하수관거는 수리학적으로 개수로이며 관거는 원칙적으로 암거(暗渠)로 한다. 각 관로별 계획하수량은 다음 사항을 고려하여 정한다.

(1) 오수관거에서는 계획 시간 최대오수량으로 한다.

(2) 우수관거에서는 계획우수량으로 한다.

(3) 합류식 관거에서는 계획 시간 최대오수량 + 계획우수량으로 본다.

(4) 차집관거에서는 우천 시 계획오수량 또는 계획 시간 최대오수량의 3배 이상으로 한다. 여기에서 차집관거는 합류식에서 청천 시 하수나 우천 시 일정량의 하수를 차집하여 하수처리장으로 운송하기 위한 하수거를 말한다.

(5) 지역의 실정에 따라 계획 하수량에 여유를 둘 수 있다. 일반적인 여유로서 오수관거의 경우 계획 시간 최대오수량에 대해 소구경 관거(250~600mm)에서는 약 100%, 중구경 관거(700~1,500mm)에서는 약 50~100%, 대구경 관거(1,650~3,000mm)에서는 약 25~50% 정도의 여유를 갖도록 하는 것이 좋다.

2.1.2 유량의 계산

하수는 보통 물에 비하여 부유물이 많이 포함되어 있으나 수리 계산상에 지장을 줄 정도는 아니므로 보통 물과 같이 수리 계산을 하며, 일반적으로 하수의 유량계산에서 원형관에서는 Manning공식을 사용하고, 구형관거에서는 Ganguillet-Kutter공식을 많이 사용하고 있다. 관거는 계획최대유량을 유하시킴과 동시에 최소유량시에도 관 내에 침전이나 퇴적이 되지 않도록 하수를 흐르게 할 필요가 있다. 관거 내의 흐름은 보통 시간적으로 상태의 변화가 없는 정류와 동시에 흐름방향에 변화가 없는 등류로 한다.수리학에서 정리된 평균유속공식에 따른 유량 산정은 다음과 같이 정리된다.

(1) Manning 공식

$V = \frac{1}{n} \cdot R^{\frac{2}{3}} \cdot I^{\frac{1}{2}}$ 에서

$$\therefore\ Q = A \cdot V$$

여기서, Q : 유량(m^3/s)　　A : 유수 단면적(m^2)
V : 유속(m/s)　　R : 경심(m)
P : 유수의 윤변(m)　　I : 동수경사
n : 조도계수

(2) Chezy 공식

$V = C\sqrt{RI}$ 에서

$$\therefore\ Q = A \cdot V$$

(3) Ganguilet-kutter 공식

$V = \dfrac{23 + \dfrac{1}{n} + \dfrac{0.00155}{I}}{1 + \left(23 + \dfrac{0.00155}{I}\right)\dfrac{n}{R^{1/2}}} \cdot (R \cdot 1)^{1/2}$ 에서

$$\therefore\ Q = A \cdot V$$

여기서, n : 조도계수, N :$(23 + \frac{1}{n} + \frac{0.00155}{I})I^{1/2}$, D :$(23 + \frac{0.00155}{I})m$

2.1.3 유속 및 경사

유속은 일반적으로 하류로 흐름에 따라 점차로 커지고, 관거의 경사는 점차 작아지도록 다음 사항을 고려하여 유속과 경사를 결정한다.

(1) 하수관거 내의 유속

하수관거 내의 유속이 작으면 부유물이 침전하므로 오수관거에서는 최소 0.6m/s, 최대 3.0m/s이고, 우수 및 합류관거는 최소 0.8m/s, 최대 3.0m/s로 한다. 일반적으로 오수관거, 우수관거 및 합류관거에서의 이상적인 유속은 1.0~1.8 m/s이다. 하류로 갈수록 유량이 증대되고 관경이 커지므로 유속도 하류로 갈수록 점차 커지도록 한다.

① **오수관거** : 오수관거 내에 있어서 유속은 설계유량에 대하여 0.6~3.0m/s 범위가 되도록 해야하며, 지표의 구배가 심하면 관거의 구배가 급하게 되고 최대유속이 3.0m/s를 넘을 경우에는 적당한 간격으로 단차를 설치하여 구배를 완만하게 하고 유속을 3.0m/s 이하로 하여야 한다.

② **우수 및 합류관거** : 우수 및 합류관거 내에 있어서는 유속은 설계유량에 대하여 0.8~3.0m/s의 한계에 있도록 해야하며, 특히 우수관거에서 유속이 크다고 하는 것은 관거의 손상만이 아니고 유달시간이 단축되어 하류지점의 유입량을 크게하는 현상을 초래하므로 주의를 요한다. 우수관거 및 합류관거에 대해서는 계획 하수량에 대하여 유속을 최소 0.8m/s, 최대 3m/s로 한다.

표 2.1 관거별 적정 유속의 범위

구 분	유 속	비 고
오수관거 및 차집관거	0.6~3.0m/sec	이상적인 유속 1.0~1.8m/sec
우수관거 및 합류관거	0.8~3.0m/sec	

표 2.1에서 우수관거의 최저 유속이 큰 이유는 침전물의 비중이 오수관거보다 크기 때문에 침전이 발생하지 않도록 고려한 것이다.

(2) 하수관거의 경사(구배)

일반적으로 하류로 갈수록 유량이 증대되고 관경이 커지기 때문에, 유속은 하류로 흐름에 따라 점차로 커지고, 구배는 하류로 감에 따라 점차로 적어지도록 설계하는 것이 원칙이며, 관거의 구배는 지표면의 구배를 기준으로 결정한다. 관거의 구배를 설정하는 조건은 다음과 같다.

① 관거 내에 토사 등이 침전 또는 정체하지 않는 유속일 것,
② 관거 하류부의 유속은 상류부보다 크게 할 것.
③ 구배는 하류로 갈수록 완만하게 할 것.
④ 급류는 관거에 손상을 주므로 피할 것.

유속은 하류로 감에 따라 증가하도록 하고, 구배는 하류로 갈수록 완만하게 되도록 하는데, 계속하여 하류로 하수관거를 계획할 때, 종단면도를 작성하여 기설관 또는 방류 하수면의 저부에 자연유하로 접속시킬 수 있는가를 검토하고, 도중에서 유입관을 접속하는 경우, 하천, 수로, 철도 등의 장애물이 있을 경우에는 매설작업이 용이한가를 고려하여 계획하여야 한다. 이러한 경우에는 관거의 구배결정을 여러 번 반복하여 시산하여야 하는데, 관거의 구배를 느리게 하면 관경이 크게 되고, 관거구배를 급하게 하면 관경이 작아도 된다. 관의 구배는 다음과 같이 결정한다.

① 관거내의 토사 등 부유물이 침전, 정체하지 않는 유속의 경사이어야 한다.
② 경사는 하류로 갈수록 완만하게 한다.
③ 하수관거의 일반적인 평탄지 경사 : $\frac{1}{\text{관경(mm)}}$
④ 적당한 경사의 토지 : 평탄지의 1.5배 : $\frac{1}{\text{관경(mm)}} \times 1.5$
⑤ 급경사의 토지 : 평탄지의 2.0배 : $\frac{1}{\text{관경(mm)}} \times 2.0$

실무예제 2.1

여주시의 도심지역 평탄한 지형에서 가정 하수관거의 직경이 0.5m일 경우 관거의 경사는 어느 정도가 적당한가?

풀이

관경을 mm로 표시하여 역수를 경사로 한다. 0.5m → 500mm

$\therefore \frac{1}{500}$

2.1.4 하수관거의 종류

관거의 종류는 대체로 콘크리트조가 많으며, 하수관거로 주로 사용되는 종류를 정리하면 다음과 같다.

(1) 도관(陶管)

① 가볍고 산 및 알카리성에 견디는 힘이 강하고, 변형된 형태의 관의 제작이 쉽다.
② 건물연결관 등의 40cm 이하의 소구경 관에 많이 사용된다.
③ 단점으로는 충격에 약하므로 운반 및 시공 시 주의해야 한다.

(2) 원심력 철근콘크리트관(흄관)

① 가장 많이 사용되는 하수관거로서 수밀성과 외압에 대한 강도가 크다.
② 산 및 알카리성에 약하다.
③ 통수능력의 변동이 적다.

(3) 경질염화비닐관(PVC)

① 최근에 사용이 증가하는 경향이나 시공 방법 및 재질 상 파열과 처짐의 문제점이 있다.

(4) 하수관거의 조건(특성)

하수관의 조건은 매설장소의 상황, 외압, 연결 방법, 강도, 형상, 공사비 및 장래의 유지관리 등을 충분히 고려하여 다음과 같이 합리적으로 선정한다.

① 외압에 대한 강도가 충분하고 파괴에 대한 저항력이 커야 한다.
② 관거 내면이 매끈하여 조도계수가 작아야 한다.
③ 하수량의 변동에 대해서 유속의 변동이 작은 수리특성을 가진 단면형이어야 한다.
④ 접속(이음)시공이 용이하고, 수밀성과 신축성이 높아야 한다.
⑤ 산 및 알칼리에 대한 부식성(腐蝕性)과 내구성이 강해야 한다.
⑥ 경제성이 있도록 가격이 저렴해야 한다.

2.1.5 관거의 단면

(1) 하수관거 단면형 선정 시 고려사항

하수관거의 형상 및 크기는 계획하수량에 의해 결정되나 접속하는 관거, 횡단하는 장애물, 방류수면의 상황 등을 고려하여 구배와의 상대적인 관계에 의해 결정되어야 한다.

① 수리학적으로 유리해야 한다.
② 하수량의 변동에 대해서 유속변동이 작아야 한다.
③ 노면하중(路面荷重)과 토압(土壓)에 대하여 경제적인 단면이어야 한다.
④ 재료를 구하기 쉽고, 제작 및 설치가 쉬워야 한다.
⑤ 시공이 간편하며 건설비가 저렴해야 한다.
⑥ 유지관리가 쉽고 경제적이어야 한다.

하수관거의 단면 형상은 다음과 같다.

① 원형

원형은 다른 형에 비해서 수리학상 유리하고 안지름 1500mm까지는 공장제작이 가능해서 매우 편리하며, 구조가 간단하고 시공도 용이하다.

② 구형

대형 하수거에 널리 사용되고 있으며, 구조가 용이하고 거푸집이 간단하다. 결점은 만수위일 때 유량, 유속이 감소하므로 높이에 여유를 주어야 한다.

③ 반원형

반원형을 사용할 때 저부는 아치형으로 하고, 특히 편평한 단면형이 필요한 경우에 사용하나 수리학적으로 유리하다.

④ 마제형 (horse shoe section)

원형 단면과 함께 대형 하수관거에 많이 사용된다. 상부는 반원형의 아치이고, 측벽은 직선 또는 곡선으로 내측으로 경사지게 하든지 수직으로 한다. 만수가 되기까지는 수리학적으로 유리하다. 외압에 대해서 아주 강하다. 단점으로는 시공이 복잡·곤란하고 공사 기간이 길어진다.

⑤ 계란형

하부가 좁게 되어 있으므로 유량의 변화에 대해 유속의 변화가 적다. 그러므로 관거 내에 부유물이 침전되지 않는 장점이 있다. 그러나 매설 깊이를 깊게 하지 않으면 안 되기 때문에 시공을 간단히 할 수 없고, 최근에는 거의 사용하지 않는다.

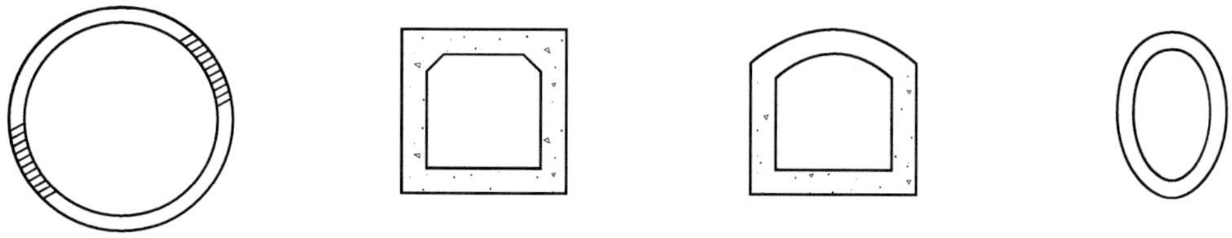

그림 2.1 관거 단면의 종류

(2) 관거 단면 형상의 장·단점

표 2.2 관거 단면 형상별 장점 및 단점

구분	장점	단점
원 형	① 수리학적으로 유리. ② 내경 3m 정도까지 공장제품을 사용할 수 있어 공기가 단축 된다. ③ 역학(구조)계산이 간단.	① 지질에 따라 특별기초 필요. ② 연결부분이 많아 지하수 침투량이 많음. ③ 대구경인 경우 운반비가 많이 듦.
직사각형 (장방형)	① 토피 및 폭원의 제약이 있는 장소에 유리. ② 역학 계산이 간단. ③ 대규모 공사에 가장 많이 이용.	① 철근 부식시 상부하중에 대해 불안. ② 만류의 경우 유속·유량 감소.
마제형 (말굽형)	① 수리학적으로 유리. ② 대구경 관거에 유리·경제적. ③ 만류 시까지는 수리학적으로 유리. ④ 상반부의 아치작용으로 역학적으로 유리.	① 시공성이 열악하다. ② 현장 타설의 경우 공기가 길다. ③ 구조계산이 복잡하다.
계란형	① 유량이 적은 경우 원형관보다 수리학적으로 유리. ② 수직 방향의 토압에 유리. (원형관보다 관폭이 작아도 됨)	① 재질에 따라 제조비가 증가되는 경우도 있음. ② 수직 방향의 시공에 정확도가 요구되므로 면밀한 시공이 필요..

(3) 관종에 따른 기초

하수관에는 관의 종류 및 지질에 따라 모래, 자갈 또는 호박돌 기초를 하는데, 기초공이 불안전하면 관거의 부등침하가 생기고 관거내 하수의 유통이 저해되며, 이음이 파손되어 누수 또는 지하수의 침입이 증가되고 심하면 하수관거가 파괴되기도 하므로 관거의 크기, 노면하중, 매설 깊이 등을 고려해서 적절한 기초공(foundation)을 시공해야 한다.

표 2.3 관의 종류에 따른 기초

관종 \ 지반		경질토 보통토	연약토	극연약토
강성관	철근콘크리트관	쇄석기초 모래기초	콘크리트기초	말뚝기초 철근콘크리트기초
	도관	쇄석기초 모래기초	쇄석기초 콘크리트기초	철근콘크리트기초
연성관	경질염화비닐관	모래기초	모래기초 베드토목섬유기초	베드토목섬유기초 콘크리트·모래기초
	닥타일 주철관 강관	모래기초	모래기초	모래기초 콘크리트·모래기초

① **자갈 기초**(graval foundation)

비교적 지반이 좋은 곳에서 400mm 이하의 소구경관 기초에 사용된다.

② **잡석기초**(broken stone foundation)

조약돌을 깔고 공극에는 막자갈을 10~20% 채워서 충분히 다진 것으로 450mm 이상의 중구경관기초에 사용된다.

③ **비게기초**(steeper foundation)

가장 간편한 기초공으로 특히 원심력관 부설에 많이 채용된다. 목재비게(wooden sleeper)와 콘크리트비게(concrete sleeper)의 2종류가 있다.

④ **사다리기초**(ladder type wooden foundation)

지반이 연약하고 용수가 있는 곳에서 관거의 침하를 막기 위해 종방향의 동목위에 비게목을 걸치는 것으로 불량한 지반에 전 길이에 걸쳐 접속하기 때문에 부등침하를 방지할 수 있다. 동목으로는 통나무를 사용하고 소구경관일 때는 지름 10~12cm의 것, 중·대구경관일 때는 15~18cm의 것을 사용한다.

⑤ 콘크리트기초(concrete foundation)

지반이 연약한 경우, 부등침하의 우려가 있는 곳에 무근 또는 철근 콘크리트기초로 한다. 특별한 하중이 없는 곳에는 보통 중심각을 90°로 하는 것이 경제적이고, 보강이 필요한 경우에는 중심각을 120°, 180°로 확대한다.

⑥ 말뚝기초(pile foundation)

지반이 특히 연약한 곳에 부설하는 대구경관거에 사용된다. 말뚝의 지지력에 의해서 재하물의 침하를 방지한다. 생목말뚝과 콘크리트말뚝이 있으나 근래에는 철근콘크리트말뚝이 널리 사용된다.

2.1.6 최소관경과 매설깊이(토피)

(1) 매설 깊이 결정 시 고려사항

하수관의 매설 깊이는 너무 얕으면 노면하중의 영향이 크고, 차도 밑의 하수관에서는 파손의 우려가 있는 등 저지에서의 배수가 어렵게 된다든지 동결하기 쉽다. 반대로 매설 깊이가 깊은 곳은 공사비를 증대함은 물론 지하수의 침입이나 되메움 직후의 토압에 대한 고려를 할 필요가 있다. 이와 같은 사실을 고려하면 하수관의 심도는 토피 1.2~2.0m로 하는 것이 바람직하다. 그러나 하수관거에는 반드시 구배를 주어야 하므로 최소 매설 깊이를 크게 하면 하류의 관의 심도가 크게 되어 비경제적으로 되는 경우가 대부분이므로 다음과 같은 기준에 따른다.

① 도로 계획상 최소 요구 피복두께
② 가정배수 설비와 연결을 위한 최소심도
③ 상수관 등 지하 매설물과의 횡단 문제
④ 지하수위와 지반의 토질 조건

(2) 최소관경과 최소토피

표 2.4 관거 최소관경 및 최소 토피

구 분	최소관경	최소 토피
오수관거	200mm	관거의 최소 토피 1.0m
우수관거 및 합류관거	250mm	차도에서는 1.2m, 보도에서는 1.0m 이상 보통은 1.5~2.0m 정도로 매설

2.1.7 외압에 대한 관거의 보호

(1) 관거의 외압 산정식

① Marston 공식에 의한 하중 계산은 다음과 같다.

$$W = C_1 \cdot \gamma \cdot B^2$$

여기서, W : 관이받는 하중(t/m)

C_1 : 토피의 깊이와 토양종류에 따른 상수

γ : 매설토의 밀도(t/m^3) $B = \frac{3}{2}d + 0.3(m)$

여기서, B : 폭 요소(도랑의 폭)(m), d : 관의 외경 (m)

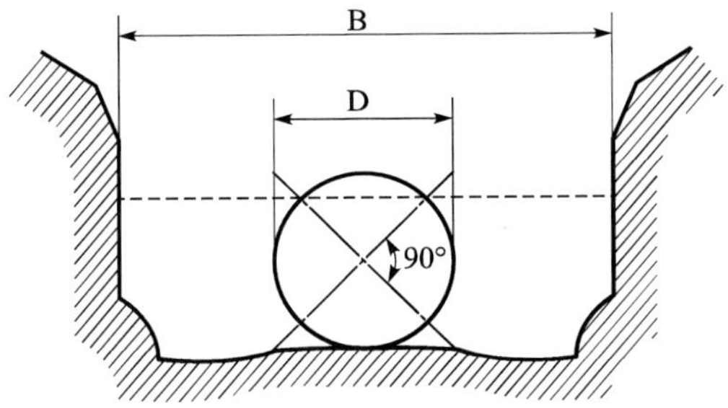

그림 2.2 Marston 공식

② 직토압 공식

마찰력을 전혀 고려하지 않고 단순히 관의 상부 매설토의 중량이 관에 직접 작용하는 것으로 가정해서 구하는 식으로 측면의 마찰을 무시한 식이다.

$$W_d = r \cdot H$$

여기서, W_d : 매설토에 의한 연직토압(kg/m^2)

γ : 매설토의 밀도(kg/m^3)

H : 매설토의 깊이(m)

③ 매설토 외의 하중

하수관거는 매설토 외에도 지표면상에 존재하는 물체에 의하여 하중을 받게 되는데, 상재하중이 하수관거에 주는 하중을 계산한다.

$$L_p = C_2 \cdot L$$

여기서, L_p : 상재하중의 토피 상당하중(t/m)

L : 상재하중의 무게(t/m)

C_2 : 상재하중의 종류에 따라 결정되는 계수

실무예제 2.2

여주시의 도심지역 평탄한 지형에 직경 800mm인 하수관을 매설하고자 한다. 매설 지점의 흙의 밀도가 1.92t/m^{3}일 때 매설 하수관이 받는 하중을 Marston의 방법에 의하여 계산하면 얼마인가? (단, C1=1.24, B=3/2d+30cm)

풀이

$$W = C_1 \gamma B^2 = 1.24 \times 1.92 \times \left(\frac{3}{2} \times 0.8 + 0.3(\text{m})\right)^2 = 5.36 \text{ t/m}$$

실무예제 2.3

Marstoner 방법을 이용하여 직경 1000mm의 하수관을 매설 할 때 요구되는 폭(B)은?

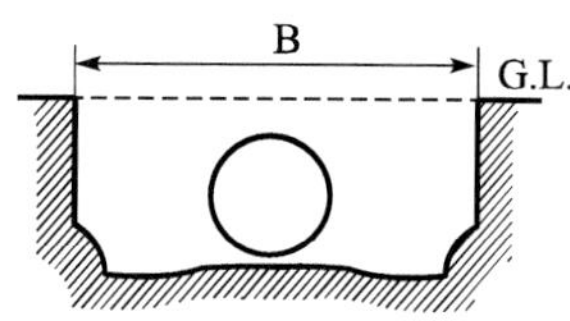

풀이

$$B = \frac{3}{2}d + 30(\text{cm}) = \frac{3}{2} \times 100 + 30 = 180 \text{ cm}$$

2.1.8 관거의 내면 보호

(1) 관거의 내면이 마모 및 부식 등에 따른 손상의 위험이 있을 때의 내마모성, 내부식성 등에 우수한 재질의 관거를 사용하거나 관거의 내면을 적당한 방법에 의해 라이닝(lining) 또는 코팅(coating)을 해야 한다.

(2) 관정부식(Crown Corrosion)

① 부식과정

㉮ 하수내의 용존산소가 결핍되어 혐기성 상태가 되면 혐기성 세균(박테리아)이 황화합물(황산염)을 분해하여 환원시키기 때문에 인체에 해로운 황화수소(H_2S)가 생성된다.

㉯ H_2S가 하수관 내의 공기중으로 올라가면 호기성 미생물에 의해 산화되어 SO_2 또는 SO_3가 된다.

㉰ 이러한 황산화물이 관정부(管頂部)의 물방울에 녹아 황산(H_2SO_4)이 된다.

㉱ H_2SO_4가 콘크리트관 내에 있는 Fe, Ca, Al 등과 반응하여 황산염이 되면서 콘크리트관이 부식된다.

② 관정부식의 대책

㉮ 하수의 유속을 증가시켜 하수관 내 유기물질의 퇴적을 방지해야 한다.

㉯ 용존산소 농도를 증가시켜 하수 내 생성된 황화 물질을 감소시켜야 한다.

㉰ 하수관 내를 호기성 상태로 유지하여 황화수소의 발생을 방지하도록 한다.

㉱ 하수관 내에 염소 등의 소독제를 주입하여 관내의 미생물을 제거, 황화합물의 변환 메커니즘을 파괴한다.

㉲ 콘크리트관 내부를 PVC나 기타 물질로 피복(라이닝)하고 이음부분은 합성수지로 처리한다.

㉳ 하수중의 유기물 농도를 낮춘다.

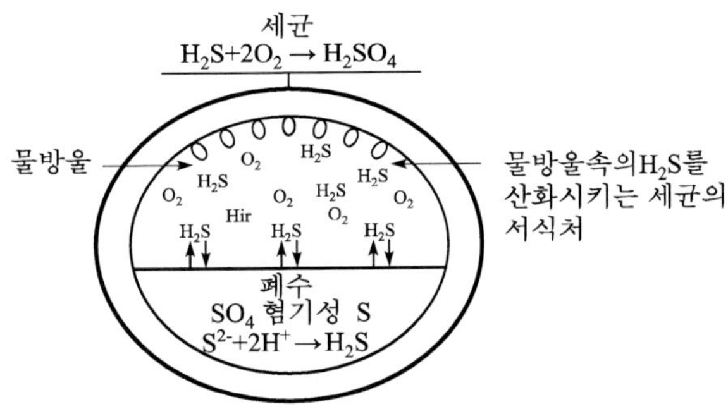

그림 2.3 관정부식

2.1.9 수리특성곡선(hydrauric characteristic curve)

암거나 터널같은 폐수로에 전단면에 물이 가득 차서 흐를 때와 임의의 수심으로 물이 흐를 때 등의 각종 수리량을 쉽게 알기위해 미리 그 값을 구해 비의 관계(A/A_{full}, V/V_{full}, Q/Q_{full})를 곡선으로 표시하여 필요에 따라 각 수위에 대한 양을 쉽게 구할 수 있도록 작성된 곡선으로, 원형관이나 마제형(馬蹄形) 관인 경우 관직경 D의 94%일 때 최대유량이 흐르고, 관직경 D의 81.3%일 때 최대유속이 흐른다.

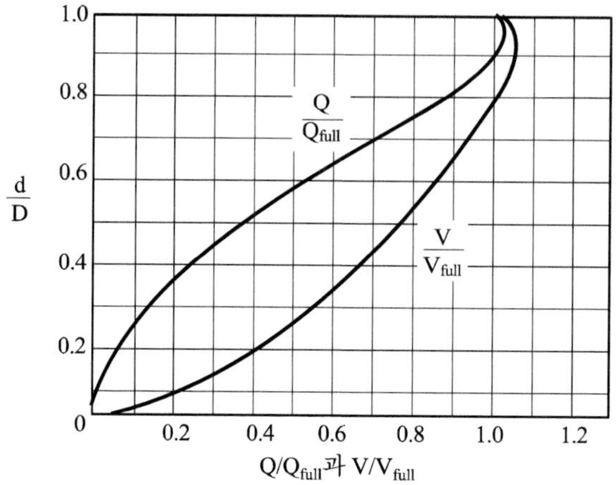

그림 2.4 수리특성곡선

2.1.10 관거의 접합

(1) 관거의 접합 시 고려할 사항

① 관거의 관경이 변화하는 경우 또는 2개의 관거가 합류하는 경우의 접합방법은 원칙적으로 수면접합 또는 관정접합으로 한다.

② 지표의 경사가 급한 경우는 관경 변화의 유무에 관계없이 원칙적으로 지표의 경사에 따라서 단차접합 또는 계단접합으로 한다.

③ 2개의 관거가 합류하는 경우의 중심교각은 될 수 있는 한 60° 이하로 하고 곡선을 갖고 합류하는 경우의 곡률반경은 내경의 5배 이상으로 한다.

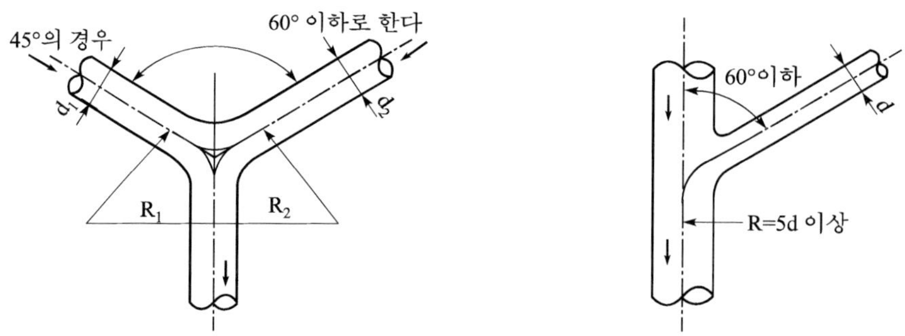

(a) 관거가 곡절하거나 또는 곡선으로 합류한 경우의 곡률반경 (b) 관거가 합류하는 경우 중심선의 교각

그림 2.5 관거가 합류할 때의 중심 교각과 곡률반경

④ 대구경 관거에 소구경 관거가 합류하는 경우는 소구경 관거의 유속이 대구경 관거의 유속에 방해되어 정체를 일으키지 않도록 중심교각은 30~45°가 이상적이며 최대한 60°가 되도록 한다.

1) 관거의 접합

① **수면접합**(수위접합)

㉮ 관의 수위를 에너지 경사선이나 계획수위와 일치되도록 접합하는 방법.

㉯ 수리학적으로 가장 유리한 방법으로 수위계산 필요.

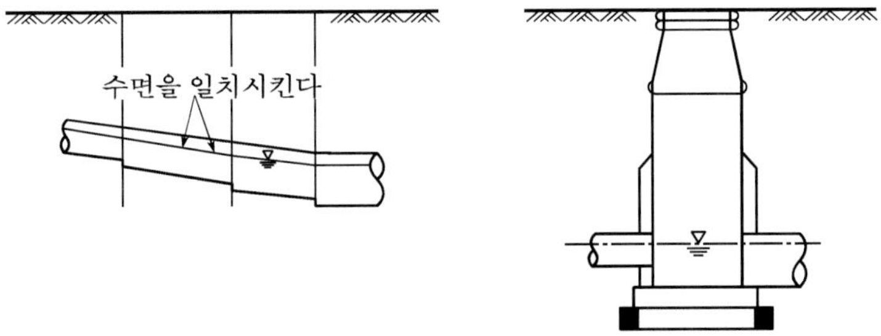

그림 2.6 수면접합

② **관정접합**

㉮ 접속하는 관거의 내면 상단부를 일치시키는 방법.

㉯ 만류시에도 단면을 유효하게 이용이 가능.

㉰ 수면접합보다는 못하나 비교적 정류를 얻을 수 있음.

㉱ 지세가 급하여 수위차가 많이 발생하는 곳에 적합.

㉲ 평탄한 지형에는 낙차가 많이 발생하여 관거의 매설깊이 증대.

㉳ 하수의 흐름은 원활하나 굴착깊이가 커져서 공사비가 많이 들고 펌프 배수시 양정이 증가.

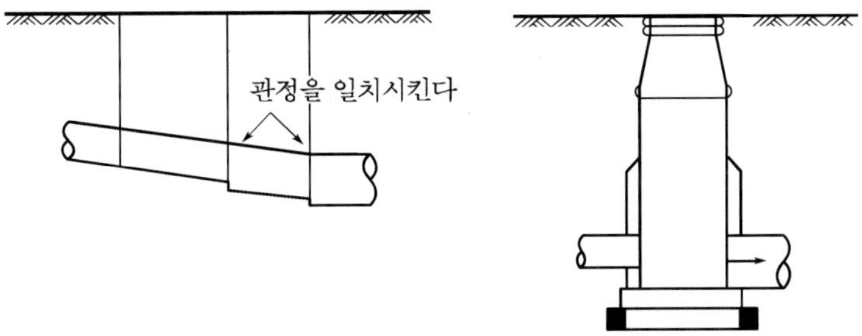

그림 2.7 관정접합

③ 관중심접합

㉮ 관거의 내면 중심부를 일치시키는 방법.

㉯ 수면접합과 관정접합의 중간 방법.

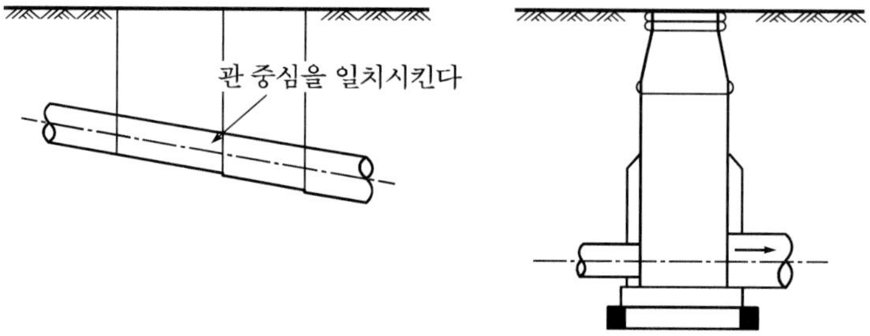

그림 2.8 관중심접합

④ 관저접합

㉮ 관거의 내면하부를 일치시키는 방법.

㉯ 수리학적으로 가장 불리한 방법으로 하수관거 접합 방식중 가장 부적절하다.
(상부의 동수경사선이 관정보다 높아지는 우려가 있음.)

㉰ 상류의 굴착깊이를 줄이기 위해 사용하며 공사비가 적게 든다.

㉱ 평탄한 지형에서 토공량을 줄이기 위해 사용.

㉲ 수위상승을 방지하고 양정고를 줄일 수 있어 펌프를 이용한 하수 배제 시 적합.

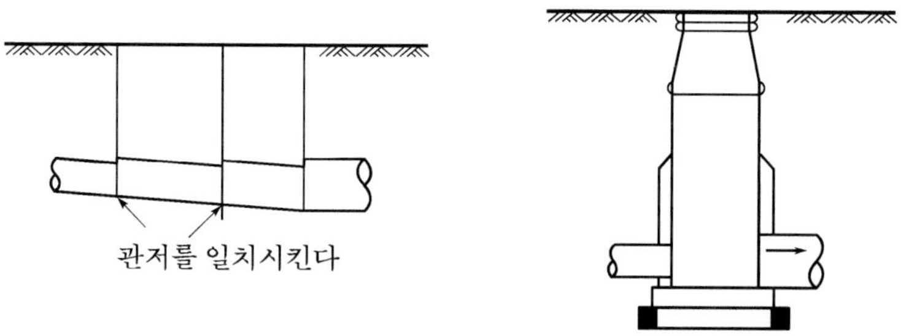

그림 2.9 관저접합

⑤ 단차접합

㉮ 경사가 급한 경우에 관거의 기울기와 토공량 감소를 목적으로 사용.

㉯ 지표의 경사에 따라 적당한 간격으로 맨홀 설치.

㉰ 맨홀 1개당 단차 : 1.5m 이내.(단차 0.6m 이상시 → 부관설치)

⑥ 계단 접합

㉮ 지세가 아주 급한 경우 관거의 기울기와 토공량 감소를 목적으로 사용.

㉯ 통상 대구경 관거 또는 현장타설 관거에 설치.

㉰ 계단의 높이 : 1단당 0.3m 이내.

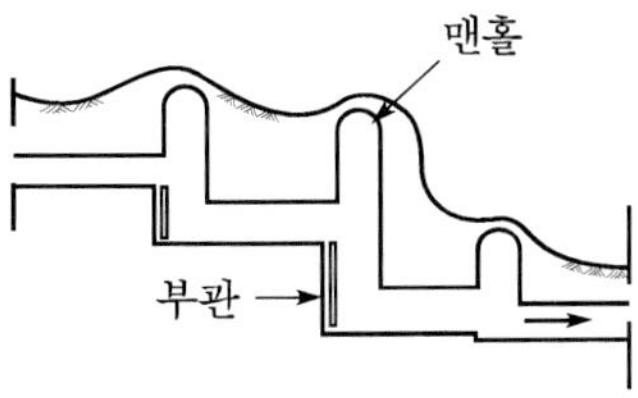

그림 2.10 단차접합

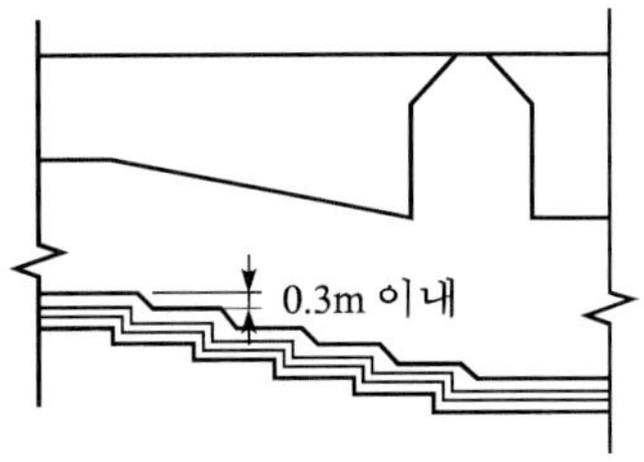

그림 2.11 계단접합

2.1.11 관거의 연결

관거의 연결은 수밀성 및 내구성이 있는 것으로 한다.

(1) 소켓연결(Socket Joint)

① 도관 또는 콘크리트관에 많이 이용하며, 주철관 연결에는 적합하지 않다.

② 주로 소구경관에 이용한다.

③ 수밀성 유지를 위하여 고무링, 모르타르를 사용한다.

④ 고무링을 이용하면 시공이 용이하다.

(2) 칼라 연결(Collar Joint)

① 접합부의 강도가 높아 누수가 적다.

② 내압에 잘 견딘다.

③ Hume관 접합에 이용한다.

④ 배수가 곤란한 곳에서 시공이 곤란하다.

(3) 맞물림 연결(Butt Joint)

① 중·대구경관에 사용할 때 시공이 용이.

② 배수가 곤란한 곳에서도 시공 용이.

③ 연결부의 관의 두께가 얇아 연결부가 약하고 누수의 원인.

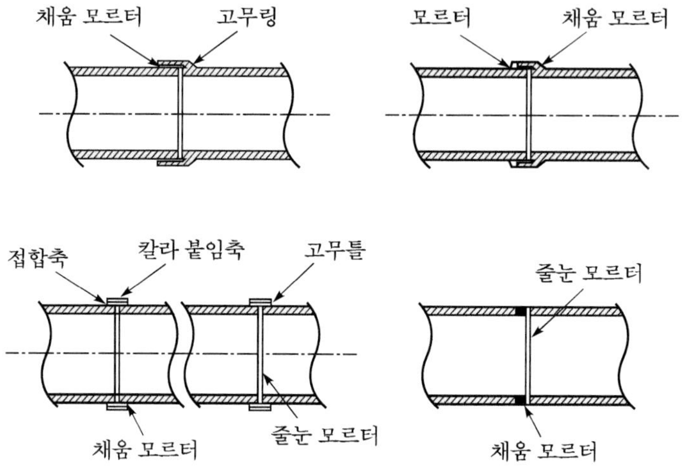

그림 2.12 하수관의 연결 방법

2.1.12 하수관거 부속설비

(1) 맨홀(manhole)

① 설치 목적

하수관거의 청소, 점검, 장애물 제거, 보수를 위한 사람 및 기계의 출입을 가능하게 하고, 악취나 부식성 가스의 통풍 및 환기, 관거의 접합을 위한 시설이다.

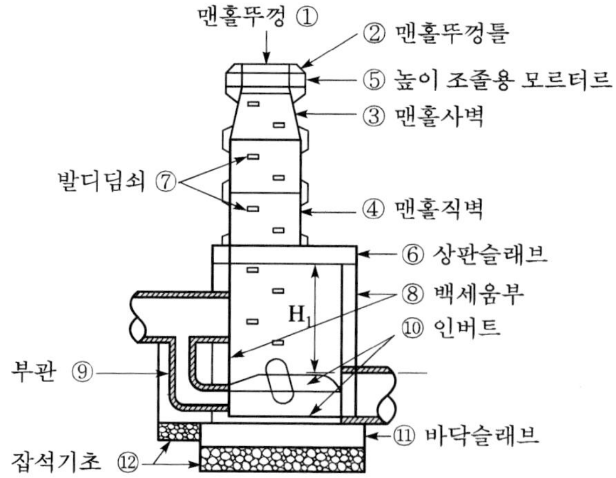

그림 2.13 맨홀의 구조

② 설치장소

㉮ 맨홀은 관거의 기점, 방향, 경사 및 관직경 등이 변하는 곳,
단차가 발생 하는 곳, 관거의 시점, 관거가 합류하는 곳에 설치하며 가능한한 많이 설치하는 것이 관거의 유지관리상 필요하다.

㉯ 맨홀은 관거의 직선부에서도 관경에 따라 아래와 같은 범위내의 간격으로 설치한다.

표 2.5 맨홀의 관경별 최대간격

관경(mm)	300 이하	600 이하	1000 이하	1500 이하	1650 이하
최대간격(m)	50	75	100	150	200

③ 맨홀의 종류

표준 맨홀, 측면 맨홀, 계단 맨홀, 낙하 맨홀 등이 있으며 낙하 맨홀은 부관(bypass)을 설치하는 것이 바람직하다.

④ 맨홀 부속물

㉮ 인버트(invert)

맨홀내의 유지관리를 위해 작업할 때 맨홀 내에 퇴적물이 쌓이게 되면 작업이 불편하게 되고 하수가 원활히 흐르지 못하며, 부패시 악취가 발생되는 것을 방지하기 위해 설치한다.

㉠ 인버트는 하류관거를 기준으로 관경 및 경사와 동일하게 한다.

㉡ 인버트의 발디딤부는 10~20%의 횡단경사를 둔다.

㉢ 인버트의 폭은 하류측 폭을 상류까지 같은 넓이로 연장한다.

㉣ 상류관과 인버트 저부와 단차는 3~10cm 정도를 확보한다.

㉯ 발디딤쇠

㉠ 발디딤쇠는 부식이 발생하지 않는 재질을 사용한다.

㉡ 발디딤쇠는 이용하기에 편리하도록 설치하여야 한다.

㉰ 맨홀 뚜껑

맨홀 뚜껑은 유지관리의 편리 및 안전을 고려하여 설치한다.

(2) 등공(燈孔, lamp hole)

대구경의 하수관거에서 맨홀의 간격이 긴 경우 또는 곡선부가 있을 때 관거 내에 등을

달아서 부근의 맨홀에서 관거 내의 점검 및 청소하는 작업원에게 위치를 알리기 위해서 설치되는 맨홀 대용의 구멍을 말하며, 등공의 구조는 관정에서 도관에 의하여 노면으로 통하는 것으로 한다.

(3) 받이

① **우수받이**(=빗물받이, street inlet)

㉮ 우수 내의 부유물이 하수관거 내에 침전하여 일어나는 부작용을 방지하기 위해서 우수받이를 설치하며, 저부에는 깊이 15cm 이상의 니토실(=토사받이, sand trap)을 반드시 설치한다.

㉯ 노면 배수용 빗물받이 간격은 20~30cm 정도로 하며, 빗물받이 규격은 내폭 30~50cm, 깊이 80~100cm 정도로 한다.

㉰ 빗물받이 설계시 고려사항

㉠ 빗물받이는 도로 옆의 물이 모이기 쉬운 장소나 L형 측구의 유하방향 하단부에 반드시 설치한다.

㉡ 빗물받이의 설치 위치는 보도, 차도 구분이 있는 경우에는 그 경계에 설치한다.

㉢ 빗물받이의 설치 위치는 보도, 차도 구분이 없는 경우에는 도로와 사유지의 경계에 설치한다.

㉣ 빗물받이는 원칙적으로 공공도로 내에 설치하나 지역실정, 유지관리를 고려하여 설치한다.

② **오수받이**(collecting sewer)

㉮ 오수를 받는 시설로서 공공도로와 사유지 경계면에 유지관리가 편리한 곳에 설치한다.

㉯ 오수받이 저부에는 다른 받이와는 달리 인버트(invert)를 설치한다.

(4) 우수토실(雨水吐室)

합류식에서 우수의 전량을 처리장으로 보내 처리하는 것은 관로 및 처리장 시설의 증대를 초래하여 비경제적이기 때문에, 강우 시에 오수로 취급하는 하수량 이상의 우수는 바로 또는 관거에 의하여 하천이나 바다 등으로 방류하도록 우수토실을 설치한다.

① 우수토실을 설치하는 위치는 밀집 관거의 배치, 방류수면의 관계 및 방류지역의 주변 환경 등의 관계를 고려하여 선정한다.

② 우수토실에서 우수월류량은 계획 하수량에서 우천시 계획 오수량을 뺀 것으로 한다.

③ 우수 월류웨어의 웨어 길이를 계산할 때는 다음 식과 같다.

$$L = \frac{Q}{1.8\,H^{3/2}}$$

(5) 연결관(連結管)

① 하수를 본관에 유입시키기 위하여 받이와 하수본관을 연결한 관을 말하며, 주로 도관이나 PVC관, 흄관 등이 많이 사용된다.

② 연결관의 관 중심선은 하수본관의 중심선보다 윗부분 45° 부근에 연결하며, 연결관의 경사는 최소 1% 이상으로 하며 최소관경은 150mm이다.

(6) 측구(測溝)

도로와 접한 사유지에서 우수를 배제하기 위해 도로 양쪽 사유지와 도로의 경계선에 따라 설치한 배수로를 말한다.

(7) 우수 유입구(流入口)

측구를 흐르는 우수를 우수받이로 유입시키는 시설.

(8) 토구(吐口, outfall)

하수도 시설로부터 하수를 하천이나 바다 등으로 방류하는 시설로서 토구의 위치는 하수관거의 말단부에 위치한다.

(9) 방조문(防潮門, tidal gate)

조수간만의 차에 의해 해수나 하천수가 하수관거 내로 유입되는 것을 방지하기 위한 시설이다.

(10) 환기장치(換氣裝置, ventilation)

하수관거 내에서 발생하는 메탄(CH_4), 황화수소(H_2S), 탄산(CO_2)등 폭발성 또는 유독성 기체를 제거할 뿐 아니라 기압이 축적되는 것을 방지하기 위해 설치하는 장치이다.

(11) 세척장치

하수 내의 부유물이 하수관거 내에서 침전하는 경우 상류에서 물을 흘려보내서 침전물을 씻어내는 장치이다.

(12) 옥내의 배수설비

받이(우수받이, 오수받이), trap 받이, drop 받이, 청소구, 방취용 위생기구, 유지차단장치, 쓰레기 차단장치, 통기장치, 니토실

2.1.13 역사이펀(inverted siphon)

(1) 정의 및 개요

① 하수관거 시공 중 장애물 횡단 방법으로 하수관거가 하천, 수로, 철도, 지하철 등 평면 통과가 불가능한 지하 매설물의 아래에 하수관을 통과시킬 경우 수두 경사선 이하로 매설하는 하수관거 시설이다.

② 매설 깊이가 커 큰 하중을 받으므로 균열, 파손이 생기기 쉬우므로 견고한 구조물로 해야 한다.

③ 내부검사 및 보수가 곤란하므로 가급적 피하는 것이 좋다.

(2) 역사이펀 설계시 고려사항

① 역사이펀 관거내의 유속은 토사가 침전되는 것을 방지하기 위해 상류측 관거 내의 유속보다 20~30% 증가시킨다.

② 역사이펀 부분은 계획 하저면 보다 1m 정도 깊게 매설하며 관경은 최소 250mm 이상으로 한다.

③ 입구와 출구 형상은 손실수두를 적게 하기 위해 종구(鐘口: Bell mouth)형으로 한다.

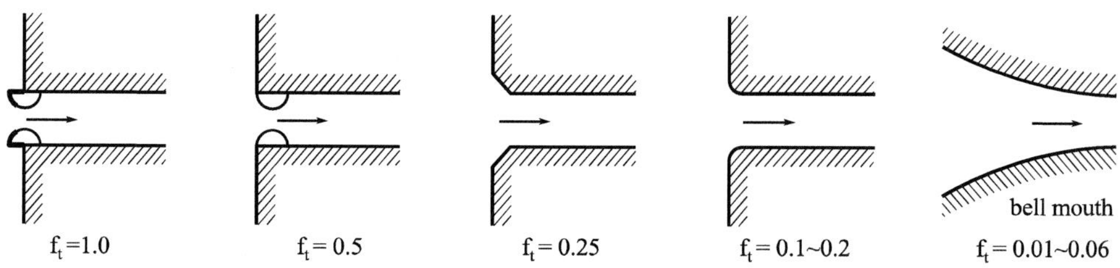

그림 2.14 입구의 형상에 따른 유입손실계수

④ V자형 역사이펀에서는 청소 등을 위해 필요한 wire rope를 설치한다.

⑤ 역사이펀의 깊이가 5m 이상인 경우 배수펌프 설치대를 둔다.

⑥ 역사이펀실에는 토사 퇴적 및 침전을 방지하기 위해 깊이 0.5m 정도의 진흙받이(토사받이, 니토실)를 설치한다.

⑦ 역사이펀실에는 물막이용 수문이나 각락공(角落工)을 설비한다.

⑧ 역사이펀 관거의 설치위치는 교대, 교각 등의 바로 밑은 피한다.

⑨ 역사이펀은 일반적으로 그림과 같이 복수관로(거)를 설치한다.

⑩ 오수관거와 우수관거가 교차할 때에는 오수관거를 역사이펀으로 하는 것이 바람직하다.

⑪ 관거의 역사이펀은 적게 설치할수록 유지관리 측면에서 유리하다.

⑫ 역사이펀의 손실수두

$$H_L = i \cdot l + 1.5 \cdot \frac{V^2}{2g} + h_L'$$

여기서, H_L : 역사이펀에서의 손실수두(m),

I : 역사이펀 관거내의 유속에 대한 동수경사

l : 역사이펀 관거의 길이(m)

V : 관거내의 유속(m/s),

h_L' : 3~5cm(손실수두의 여유량)

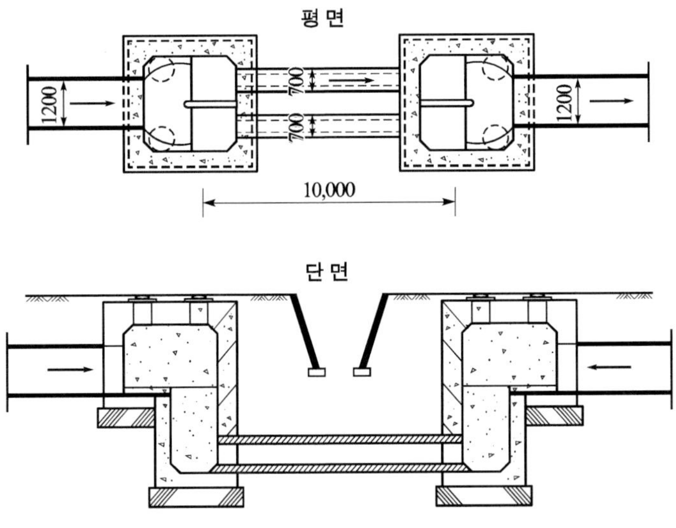

그림 2.15 역사이펀의 예

실무예제 2.4

여주시 도심지 도로를 가로지르는 계획하수량 1.6m³/sec이 관경 1,000mm, 동수경사 0.0024, 관길이 30m, 여유량 0.04m의 조건의 원형관을 흐를 때 관내의 역사이펀 손실수두(H)는? (단, $H = i \cdot L + \beta \cdot \frac{v^2}{2g} + \alpha$를 이용하고 α =0.04, β = 1.5를 적용)

풀이

$$V = \frac{Q}{A} = \frac{4 \times 1.6}{\pi \times 1^2} = 2.04\text{m/s}$$

$$\therefore H = i \cdot L + \beta \frac{v^2}{2g} + \alpha = 0.0024 \times 30 + 1.5 \times \frac{2.04^2}{19.6} + 0.04 = 0.43\text{m}$$

2.2 우수량 조절시설

• **TIP**

우수조정지(유수지)의 설치목적, 장소, 구조형식 등에 대한 내용이 중요하다. 하수도에서의 초기강우 대책, 이용 가능한 수자원의 확보 측면에서 정리해야 한다.

2.2.1 우수조정지(유수지)

(1) 정의

우천 시에 배수구역으로부터 방류되는 초기우수의 오염부하량을 감소시키고, 늘어난 우수량이 많아서 펌프에 의한 양수가 곤란한 경우 우수를 임시로 저장(류)하여 유량을 조절한 후 하류 지역의 우수유출이나 침수를 방지하는 시설로 도시지역의 홍수 조절용 소규모 저수지이다.

(2) 설치장소

① 하수관거의 유하능력(용량)이 부족한 곳.

② 하류지역의 펌프장 능력이 부족한 곳.

③ 방류수역(로)의 유하(통수)능력이 부족한 곳.

(3) 설치목적

① 시가지의 침수방지

② 유출계수의 감소

③ 첨두유량의 감소

④ 유달시간의 증대

(4) 설계 시 고려사항

① 합리식에 의해 설계한다.

② 우수의 방류방식은 자연유하를 원칙으로 한다.

③ 효율을 높이기 위해 다목적으로 계획한다.

④ 방류관거는 하천의 유하능력을 고려하고 계획방류량을 방류시킬 수 있어야 한다.

⑤ 유역의 강우강도식을 필요로 하며, 설계 강우 조건, 물의 이용분배조건, 유역의 면적 조건 등을 고려해야 한다.

⑥ 첨두 유입량은 첨두유출량에 비하여 크게 한다.

(5) 구조 및 형식

표 2.6 우수조정지 구조 및 형식

구조형식	내 용	방류방식
댐 식 (제방높이 15m 미만)	흙댐(earth dam) 또는 콘크리트댐에 의해서 하수를 저류하는 형식 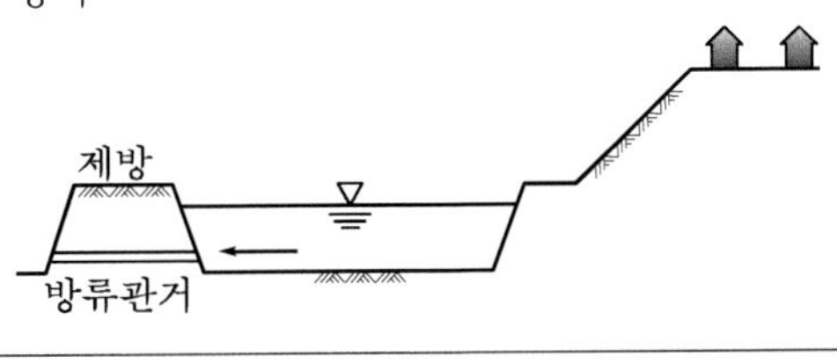 	자연 유하식
굴착식	평지를 파서 하수를 저류하는 형식 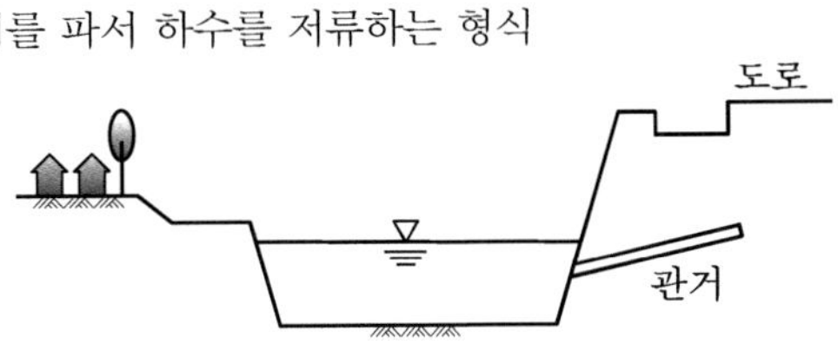 	자연유하식, 펌프배수, 수문 조작

구조형식	내 용	방류방식
지하식	일시적으로 지하의 저류조, 관거 등에 우수를 저류하여 우수조정지로서의 기능을 갖도록 하는 것 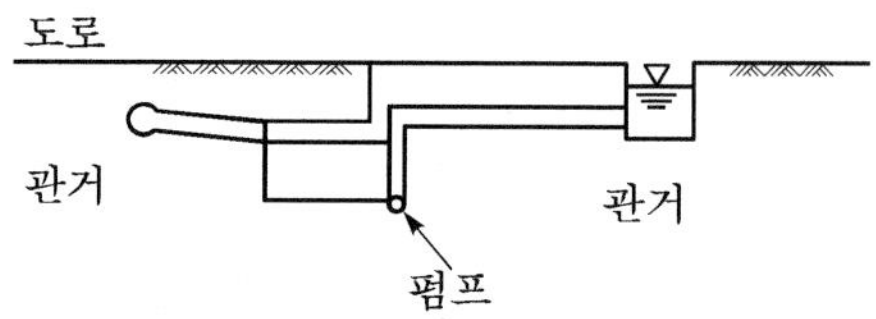 	저류 수심이 크지 않아 펌프배수가 일반적
현지저류식	공원, 교정, 건물사이, 지붕 등을 이용하여 우수를 저류하는 시설로서 보통 현지에 내린 비만을 대상으로 하기 때문에 관거의 상류측에 설치함 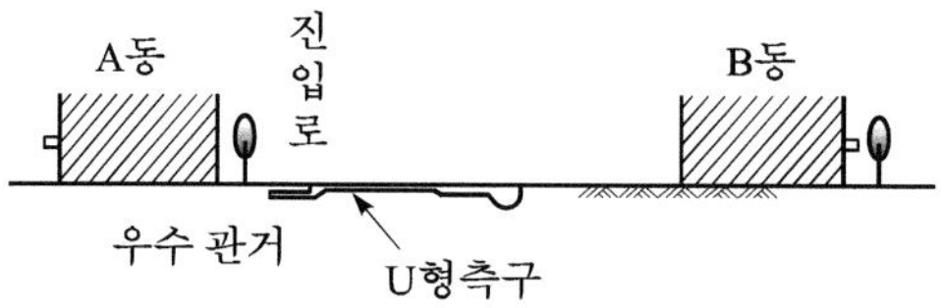 	자연유하식

2.2.2 우수저류지(우수체수지)

(1) 정의 및 개요

① 우천 시에 우수가 오수와 더불어 무처리 상태로 공공수역으로 합류되는 합류식 하수도의 결점을 개선하기 위한 방법으로 초기우수의 방류 부하량을 감소시키는 시설로서 저류된 하수는 강우 종료 후에 하수처리장으로 수송하여 처리한다.

② 차집관거의 용량 보조를 위해 설치한다.

③ 우수유출량 억제에는 크게 우수저류형과 우수 침투형으로 분류할 수 있다.

④ 우수저류지는 지상형과 지하형, 또는 병설형, 독립형으로 세분할 수 있다.

(2) 우수저류지의 효과

우수저류지는 우천 시 합류식 하수의 일시저류 및 침전, 우수유출량의 조정, 하수처리장으로 유입되는 하수량의 조정(저류, 야간처리) 등의 기능을 통하여 다음의 효과를 얻는다.

① 우천 시 방류 부하량의 감소

② 우천 시 합류식 하수의 침전

③ 우천 시 합류식 하수의 일시 저류

한편, 우수저류시설의 종류는 다음과 같다.

① 지역 내(On-site) 저류시설로 주차장, 운동장, 단지 내 공원, 녹지, 공장 저류 등이 있다.
② 지역 외(Off-site) 저류시설로 우수조정지, 우수저류관, 우수체수지, 홍수조절지 등이 있다.

2.2.3 스월 조절조(swirl regulator)

(1) 우수토실을 대신하는 시설
(2) 합류식 하수도의 우천시 방류부하량을 감소시키는 시설

핵심용어 및 내용

1. 계획 하수량

① 오수관거에서는 계획 시간 최대오수량으로 한다.
② 우수관거에서는 계획 우수량으로 한다.
③ 합류식 관거에서는 계획 시간 최대오수량 + 계획 우수량 으로 본다.

2. 유속 및 경사

① 유속은 일반적으로 하류로 흐름에 따라 점차로 커지고, 관거의 경사는 점차 작아지도록 한다.
② 하수관거 내의 유속의 범위

구 분	유 속	비 고
오수관거 및 차집관거	0.6~3.0m/sec	이상적인 유속 1.0~1.8m/sec
우수관거 및 합류관거	0.8~3.0m/sec	

3. 하수관거의 특성

① 외압에 대한 강도가 충분하고 파괴에 대한 저항력이 커야 한다.
② 관거 내면이 매끈하여 조도계수가 작아야 한다.
③ 유량의 변동에 대해서 유속의 변동이 작은 수리특성을 가진 단면형이어야 한다.
④ 접속시공이 용이하고, 수밀성과 신축성이 높아야 한다.
⑤ 산 및 알칼리에 대한 부식성(腐蝕性)과 내구성이 강해야 한다.

4. 최소관경과 최소토피

구 분	최소관경	최소토피
오수관거	200mm	관거의 최소토피 1.0m
우수관거 및 합류관거	250mm	차도에서는 1.2m, 보도에서는 1.0m 이상

5. 관거의 접합

① 수면접합(수위접합) : 에너지 경사선이나 계획수위와 일치되도록 접합하는 방법으로 수리학적으로 가장 유리한 방법이다.
② 관정접합 : 접속하는 관거의 내면 상단부를 일치시키는 방법으로 굴착깊이가 커져서 토공비가 많이 들고 펌프 배수시 양정이 증가한다.
③ 관저접합 : 관거의 내면 하부를 일치시키는 방법으로 펌프를 이용한 하수 배제시 적합하고 수리학적으로 가장 불리한 방법이다.

6. 역사이펀(inverted siphon)

하수관거 시공중 장애물 횡단방법

7. 우수조정지(유수지)

우천시 배수구역으로부터 방류되는 초기우수의 오염부하량을 감소시키고, 늘어난 우수량을 임시로 저장(류)하여 유량을 조절한 후 하수관거로 유하시키는 침수를 방지하는 시설

- 설치장소

① 하수관거의 유하능력(용량)이 부족한 곳.
② 하류지역의 펌프장 능력이 부족한 곳.
③ 방류수역(로)의 유하능력이 부족한 곳.

되짚어보기

1. 오수관거의 단면을 산정하는데 기준이 되는 것은 (계획 시간 최대오수량)이다.

2. 합류식 하수관거의 설계시 사용하는 유량은 (계획 우수량 + 계획 시간 최대오수량)이다.

3. 합류식의 경우 펌프장에서의 우천 시 계획 오수량은 계획 시간 최대오수량의 (3배) 이상으로 한다.

4. 우수관거 및 합류관거에서 계획 우수량에 대한 유속은?

풀이

최소 0.8m/sec, 최대 3.0m/sec

5. 하수관거 내의 이상적인 유속은 (1.0~1.8m/s)의 범위이다.

6. 계획 하수량이 32m^3/sec, 하수관내 유속이 1.2m/sec인 경우 하수관의 관지름은 얼마인가?

풀이

$A = \frac{Q}{V}$ 에서 $\frac{\pi \times D^2}{4} = \frac{32}{1.2}$ 이므로 $D^2 = 33.95$ $\therefore D = 5.83m$

7. 하수도 시설기준에 의한 우수관거 및 합류관거의 표준 최소 관경은?

풀이

우리나라 하수도시설 기준상 표준 최소관경은 오수관거는 200mm, 우수관거 및 합류관거는 250mm이다.

8. 하수도 시설기준에 의한 하수관의 매설깊이는 최소한 (1.0m)이다.

9. 다음 중 하수관거의 관정부식(crown corrosion)의 주된 원인인 물질은?

풀이

황(S) 화합물

10. 하수관거 내에 인체에 해로운 황화수소(H2S)가 통상 존재하는 이유는 무엇인가?

풀이

용존산소 결핍으로 박테리아가 황산염을 환원시키기 때문이다.

11. 원형 하수관에서 유량이 최대가 되는 때는?

풀이

원형 하수관에서 유량은 수심이 94% 정도 차서 흐를 때 최대이고, 유속은 수심이 81% 정도 차서 흐를 때 최대이다.

12. 관거의 접합 방법 중에서 수리학적 에너지 경사선이나 계획수위를 일치시켜 접합하는 방법은 (수면접합)으로 수리학적으로 가장 유리하다.

13. 하수관거 시공 중 장애물 횡단 방법으로는 (역사이펀)을 활용한다.

14. 관경이 500mm인 하수관거를 직선부에 설치하고자 한다. 맨홀의(manhole) 최대간격은 얼마인가?

풀이

맨홀은 관거의 직선부에서도 관경에 따라 아래와 같은 범위 내의 간격으로 설치한다.

관경(mm)	300 이하	600 이하	1000 이하	1500 이하	1650 이하
최대간격(m)	50	75	100	150	200

15. 우수량이 많아서 일시에 펌프에 의한 양수가 곤란한 경우 우수를 일시 저류하는 시설은?

풀이

우수조정지(유수지)는 우천시 배수구역으로부터 방류되는 초기우수의 오염부하량을 감소시키고, 늘어난 우수량이 많아서 펌프에 의한 양수가 곤란한 경우 우수를 임시로 저장(류)하여 유량을 조절한 후 하류지역의 우수유출이나 침수를 방지하는 시설이다.

CHAPTER

3

하수처리장 시설

Wastewater Treatment System

CHAPTER 3

하수처리장 시설

3.1 하수처리 방법

· TIP

하수처리계통 및 처리방법, 처리장의 각 시설별 설계에 관한 내용이 중요하다. 특히, 체류시간, 용적, 표면부하율 계산과 활성슬러지 공정에서의 F/M비, 슬러지 용적부하, 슬러지 팽화, SVI 관련 내용에 대한 정확한 이해와 정리가 필요하다.

3.1.1 하수처리장 개요

하수처리장 계획에 있어서는 하수의 처리와 최종의 처분을 포함한 일련의 종합계획으로 다루어야 하므로 시설의 유지관리에 대해서 충분히 고려해야 한다. 특히, 처리의 정도는 하류측 수질을 감안해서 수질 오탁방지에 역점을 두고 계획되어야 할 것이다. 하수처리의 기본계획은 다음과 같다.

- 처리장은 방류수역의 수질보전의 효과 및 유지관리상 될 수 있는 한 광역적으로 계획한다.
- 처리장의 위치는 가급적 시가지를 피하고, 간선의 유입에 지장이 없고, 시공상 어려움이 없으며 처리수 처분에 적당한 장소를 선택하되, 방류수역의 이수상황 및 주변의 환경조건을 고려한다.
- 처리장의 부지는 장래의 확장 및 고도처리 등을 예상해서 여유를 두어야 한다.
- 처리시설은 계획1일 최대오수량을 기준해서 계획한다.
- 처리시설은 이상 수위에 의한 침수가 없는 지반고에 선정하거나 보호시설을 하여야 한다.
- 처리장은 주변의 환경이 악화하지 않도록 배려한다.
- 처리시설은 그 기능이 확실하고 유지관리에 불편이 없도록 계획한다.

(1) 하수처리의 개념

① 하수관거를 통해 배제된 하수를 인공적으로 처리하여 무해화, 안정화 시키는 과정이다.

② 하수의 성분은 주로 유기물이므로 이것의 제거에 확실하고 경제적인 생물학적 처리를 주로 이용한다.

하수처리 계통을 정리하면 다음과 같다.

① 집·배수시설 → 하수처리시설 → 방류 및 처분시설

② 가정 → 지선하수관거 → 연결하수관거 → 부간선하수관거 → 간선하수관거 → 집수관거(차집관거) → 종말하수관거 → 하수처리장

3.1.2 하수처리장 부지선정과 기본계획

하수처리 공정의 개선을 수행하고 작업순서의 변경 등을 행한 후 배수에 있어서 배수처리시설의 설치를 고려하지만, 시설을 설계하기 전에 우선 배수의 처리 실험을 수행한다. 실험 대상으로 BDD, COD, SS, pH, n-핵산, P, N, 유지 등이 있다. 하수처리 계획 순서는 다음과 같다.

- 현황 조사
  ① 배수규제 방류하천의 이용현황
  ② 수질의 종합분석(수량, 수질의 시간 및 공간적인 변동)
- 조사 결과
- 처리실험
  ① 각종 처리법의 적용성 검토
  ② 실시예 검토
- 흐름 및 설계조건의 결정
  ① 부지 확보
  ② 자금계획, 공정의 개선
  ③ 물사용 합리화 : 재이용 등
  ④ 장래 생산계획
  ⑤ 배수규제의 동향

- 설계

- 시공

- 시운전
  ① 처리수의 종합분석
  ② 운전확인

- 완료 : 관리자 및 운전자의 결정

- 운전개시
  ① 처리수 및 원폐수의 수질을 수시로 검사
  ② 수질분석자료를 작성
  ③ 운전 및 실험일지 작성

(1) 부지선정 시 고려사항

① 홍수로 인한 침수 위험이 없어야 한다.
② 방류수가 충분히 희석, 혼합되어야 하며 상수도 수원 등에 오염되지 않는 곳을 선택한다.
③ 오수 또는 폐수가 하수처리장까지 가능한 자연유하식으로 유입하고 또한 자연유하로 방류하는 곳이 좋다.

(2) 기본계획 시 고려사항

① 처리장 위치는 주변의 환경조건을 고려하여 정한다.
② 처리장의 부지면적은 장래확장 및 고도처리계획 등을 고려하여 계획한다.
③ 처리장은 건설비 및 유지관리비 등의 경제성, 유지관리의 난이도 및 확실성 등을 고려하여 정한다.

하수처리의 목적은 하천이나 해변 등에 오염원이 되어서는 안된다는 것이다. 이를 기술적인 측면에서는 하수의 질을 안정화 및 안전화하고 처분될 양을 경감시키도록 하는 것이다.

안정화라는 것은 하수를 방류해도 방류를 받는 수역내에서 용존산소를 다량으로 소비한다거나 또는 부패현상을 발생하지 않도록 하는 것으로 주로 유기물의 농도를 저하시키는 것을 의미한다.

안전화란 하수 중에 포함된 유해 물질을 제거한다거나 세균류를 살균한다거나 해서 사람의 건강이나 수역의 생물에 나쁜 영향을 미치지 않도록 하는 것이다.

처분되는 양의 경감화란 하수를 배출할 경우에 특히 유의하지 않으면 안 되며 물질의 양을 적게 해서 처리수를 하천이나 바다에 방류해서 자연환경으로 돌려보내는 것이다.

이를 고려하여 다음과 같은 하수처리를 한다.

① 예비처리

굵거나 입경이 큰 부유물, 부상 고형물, 유지의 제거와 분리를 위해서 하수의 생물학적 처리와 슬러지의 소화 등을 하기 전에 하수를 고체와 액체로 분리하는 과정이다.

② 1차 처리

1차 처리의 목적은 미세한 부유물의 제거로서 부유물의 제거와 BOD의 일부도 제거된다. 1차 처리는 보통침전법(sedimentation)으로 행한다.

③ 2차 처리

2차 처리는 하수의 1차 처리 다음에 실시하는 것으로, 하수중에 남아 있는 유행성 유기물 또는 콜로이드성의 고형물을 미생물의 힘에 의하여 제거하는 생물학적 처리법을 말하며, 활성슬러지법, 살수여상법, 회전원판법(RBC) 등이 있다. 부유물질은 65~95%, 생화학적 산소요구량(BOD)은 80~95%가 제거된다.

④ 3차 처리

3차 처리에서는 보통 분해가 어려운 유기물, 부유물질, 인(P), 질소(N)와 같은 부영양화를 초래하는 영양분, 기타 유기물이 제거 대상이 된다.

⑤ 고도 처리

㉮ 물리적 방법

탈기법(air stripping)에 의한 암모니아제거, 여과법, 증류법, 부상법, 거품분리법, 냉동법, 기체막을 이용한 분리법, 지면살포법(land treament) 등이 있다.

㉯ 화학적 방법

활성탄 흡착법, 응집법, 생물학적 처리과정에서의 침전법, 이온교환법, 전기화학적 처리법 전기투석법, 산화법, 환원법 등이 있다.

㉰ 생물학적 방법

박테리아 동화작용, 조류채취법, 소화, 탈질방법 등이 있다.

표 3.1 하수처리 방법의 분류

구분	예비처리	1차 처리	2차 처리	3차 처리
처리 방법	스크린 분쇄기 침사지	최초 침전지 약품 응집 침전법	활성슬러지법 회전원판법 산화지법 살수여상법	응집침전, 급속여과 활성탄흡착 불연속점 염소주입 역삼투법, 전기투석법

3.1.3 예비 처리

처리 조작, 공정 및 보조 설비에 유지관리 문제를 일으키는 하수의 성분(굵은 부유물, 부상 고형물)을 제거(고체와 액체로 분리)하는 것으로 다음과 같은 과정이 있다.

(1) 스크리닝

수중의 부유물질을 제거해서 펌프의 보호, 처리의 효율을 높인다. 하수 내에 나무, 종이, 천 조각 등 여러 가지 큰 부유물질은 펌프 등에 해를 주고, 수로를 차단하므로 스크린은 하수처리의 첫 단계로 이들 큰 부유물질을 제거하기 위해 사용된다. 스크린의 경사각은 인력으로 제거시에는 45~60˚, 기계장치가 되어 있는 경우는 70°이며, 부유물질의 제거율은 3~5%이다. 이러한 부유물들이 제거되고 그 양이 줄면, 화학약품(응집제 등)으로 처리하는 화학적 처리부하량을 감소시키게 된다. 비교적 큰 부유물질(협잡물) 제거 시 격자망 등을 활용한다. 스크린 설치에 고려할 사항은 다음과 같다.

① 통과 유속

㉮ 봉 스크린, 격자 스크린, 망 스크린은 0.45m/sec 이하이다.

㉯ 정수장 취수용 스크린은 1.0m/sec 이하이다.

② 스크린의 강도는 전후의 수위 차이가 1.0m 이상 나는 정도이다.

③ 목적

㉮ 하수 중 큰 부유물 및 협잡물 제거한다.

㉯ 후속 처리(약품처리, 생물학적 처리)시설의 부하를 경감한다.

㉰ 펌프의 손상 및 관의 폐색을 방지한다.

(2) 침사 제거

수중에 함유되어 있는 토사, 자갈 등의 무기물을 제거하는 침사지(grit chamber)는 유입하수 중의 협잡물 및 토사를 하수와 분리 제거함으로써 침사지 이후 공정의 기계설비(펌프 및 배관 등)의 마모로 인한 내구연한 단축, 각종 지 및 조 등의 퇴적으로 인한 처리기능 저하, 탈수기에 대한 과부하의 예방을 위해 설치된다. 그러므로 침사지는 대략 입경 2mm 이상의 모래 또는 무기물을 제거하되 이들 물질로부터 부패하기 쉬운 유기물을 제거하도록 한다. 배수로의 경사가 급하면 폐수의 유속이 빠르게 되어, 모래나 자갈들이 함께 혼화지로 흘러 들어오게 되므로 이를 제거하기 위해서 작은 못이나 유수지를 설치하기도 한다. 침사지는 다음의 사항을 기준으로 설치한다. 비중 2.65 이상, 직경 0.2mm 이상의 비부패성 무기물 및 입자가 큰 부유물 제거 시 침사지를 활용한다.

① 평균유속 : 0.3m/sec의 독립 입자 침전(Stokes 법칙 적용)에 대하여 적용한다.

② 형상은 직사각형과 정사각형이 있다.

③ 설치 목적
   ㉮ 토사류 등에 의한 펌프의 손상 방지한다.
   ㉯ 관, 밸브 등의 폐색, 마모를 방지한다.
   ㉰ 슬러지 생성량을 감소시킨다.
   ㉱ 화학적 처리 및 생물학적 처리의 부하량을 감소시킨다.

④ 침사지의 설계이론은 다음과 같다.
   ㉮ 지수는 2지 이상을 설치한다.
   ㉯ 통과하는 유속은 0.15~0.3m/s이다.
   ㉰ 체류시간은 30~60초이다.
   ㉱ 깊이는 1.5~2m이다.
   ㉲ 침사량은 대체로 하수량 1,000m^3당 0.05~0.2m^2 정도이다.

(3) 분쇄기

고형물을 분쇄해서 유하시키는 장치인 분쇄기(comminuter)는 하수 중의 부유 고형물질을 유입하수와 함께 5~10mm크기로 분쇄하여 하수 내로 되돌려보내서 후속 처리과정에서 제거하게 된다. 분쇄장치는 하수처리 과정에서 전처리로 사용되기 때문에 유입하수의 시간적 변화에 크게 영향을 받는다. 그러므로 계획하수량은 계획시간 최대오수량으로 한다.

(4) 부상분리와 포말분리

거품을 발생시켜서 처리하려는 수면위로 거품을 발생시키고 폐수 중에 떠다니는 현탁성 미소 입자를 거품표면에 부착시켜서 분리·제거하는 방법이다. 포말분리법을 응용하는 폐수는 기름을 포함한 폐수, 기계장비·정비공장폐수, 기름 종류와 유지(grease) 종류를 포함하는 금속 가공공장의 폐수, 비누공장 폐수, 세탁공장 폐수 및 제지공장 폐수 중에서 펄프 등의 섬유소 분리처리 등에 응용되어 효과를 보고 있다. 분리 방법에는 다음과 같은 두 가지가 있다.

① 가압법

다공질의 산기판을 통하여 압축공기를 배출하면 아주 작은 포말이 생기고 서서히 수면을 향하여 떠오른다. 이때 떠오르면서 현탁물질을 부착한다. 산기판 혹은 산기관은 유리가루를 작게 하여 점결제와 섞어서 낮은 온도에서 소결시켜 만든다.

② 감압법

처리시키려는 폐수를 밀폐한 용기에 옮기고 가압한 공기를 폐수 속에 주입시켜 용해시키고, 대기압 상태에 있는 다른 폐수처리조에 옮기면 가압하에서 녹은 공기가 유리하면서 작은 기포를 많이 발생시킨다. 이와 같이 대기압에서 용해된 공기를 밀폐용기에 보내고 용기 내부를 감압시켜도 같은 효과가 있다.

(5) 스키밍

유지(grease)를 처리하는 방법으로 이들 유지는 수면에 부상하는 유지, 오니와 결합하여 침전하는 유지, 부유물질 상태의 비누와 유지, 물보다 무거운 중유와 타르질 등이 있다. 부사는 유지 외에도 비누, 나무토막, 식물, 과일 껍질 등으로 구성되며, 하수 표면을 덮어 산소 흡수를 방해하고 스크린을 막히게 하며, 유기질의 유지는 소화조에서 분해되나 광유는 소화를 저해하므로 침전지와 별도로 포유조를 두어 침전오니에 광유가 함유되지 않도록 하여야 한다. 이를 스키밍(skimming, 포유와 부사 차단)이라 한다. 이들의 처리 방법은 보통 산기판을 통하여 공기를 하수에 불어 넣어 부사가 표면을 떠오르게 하여 제거하는 부상분리법을 이용한다.

(6) pH조절

공장폐수가 다량으로 유입하는 처리장에서 처리기능에 장애를 주는 경우 pH조절 탱크가 필요하다.

(7) 유지 분리탱크

다량의 유지류를 포함하는 하수의 예비 처리로 하수 중의 유지류를 분리 부상시켜 제거하는 시설이다. 촉진제로 공기가 사용된다.

3.1.4 물리적 처리

물리적 처리는 주로 고체와 액체의 분리를 실행하며, 부유물질의 제거 및 콜로이드물질의 제거가 목적이다.

① 침강분리 : 연속식, 회분식
② 부상분리 : 자연, 가압(강제)
③ 여과분리 : 진공, 탈수
④ 원심분리 : 원심침강, 원심탈수
⑤ 건조 : 자연, 가열
⑥ 증발
⑦ 동결 : 직접, 간접
⑧ 소각

예비 포기는 하수처리 과정에서 최초 침전지 이전에 수행되는 포기로서, 최초 침전지에서의 침전효율 향상, 유수분리, 용존산소 증가, 냄새 제거를 목적으로 사용되는데 그 특성은 다음과 같다.

① 최초 침전지 앞에 설치한다.
② 포기에 의해서 하수의 혐기성화를 방지하고, 유지제거·냄새 방지를 위해서 필요하다.
③ 잉여활성오니를 반송함으로써 BOD, SS를 활성오니 플록에 흡착시킨다.
④ 살수여상 전에 예비 포기탱크를 설치하는 경우도 있다.

산기식 포기(aeration by airblow system)는 압축공기를 탱크 밑의 산기판(diffuser plate)을 통해서 기포상으로 분출시키는 것으로 고압형과 저압형이 있다. 산기식은 공기포를 만들어서 하수와 활성오니의 혼액 중에서 공기를 흡입한 것에 대해서 기계교반식은 기계에 의해서 하수와 활성오니의 혼액을 교반하는 동시에 수면에서 대기와 접촉해서 필요한 산소를 흡수하는 방법이다. 포기탱크는 얕고 수면적이 큰 것이 좋고, 교반기는 link belt

식, Simplex식, 산기 교반식 등이 있다.

(1) 침전

침전(sedimentation)은 부유물 중에서 중력에 의해서 제거될 수 있는 침전성 고형물을 제거하는 것으로 정화 혹은 농축이라고 한다. 정화는 깨끗한 상등액을 얻는 것을 목적으로 하며, 부유물의 농도가 비교적 낮은 폐수를 처리한다. 그러므로 슬러지 제거는 농축보다 부하가 작으나 대량의 물을 처리하므로 표면부하와 위어의 월류부하는 증가한다. 1차 및 2차 침전지에서 중력에 의한 고체와 액체를 분리하여 침전성 고형물 제거한다.

① 침전의 정의는 중력에 의해 제거 가능한 고형물 제거하는 것이다.

② 설치 위치에 따른 구분은 다음과 같다.

㉮ 1차 침전지는 화학적, 생물학적 처리의 전처리로 침전 가능한 고형물 제거한다.

㉯ 2차 침전지는 포기조 MLSS와 상징수를 분리한다.

③ 침전지의 설치 목적

㉮ 2차 처리공정으로 유입되는 폐·하수 중의 BOD 및 SS의 감소시킨다.

㉯ 화학적 처리 시 약품 주입량의 감소 및 폐슬러지 양의 감소시킨다.

㉰ 생물학적 처리 시 포기량 감소 및 포기시간을 단축시킨다.

㉱ 2차 처리의 처리 효율증가 및 처리시간을 단축시킨다.

㉲ 최종유출수의 수질을 향상시킨다.

④ 침전지와 관련된 기본공식

㉮ Stokes 법칙 : $V_s = \dfrac{(\rho_s - \rho_w)\, g\, d^2}{18\mu} = \dfrac{(s-1)gd^2}{18\nu}$

여기서, V_s : 입자의 침강속도(cm/sec) ρ_s : 입자의 밀도(g/cm^3)

ρ_w : 물의 밀도(g/cm^3) μ : 액체의 점성계수(g/cm·sec)

g : 중력가속도(980cm/sec^2) d : 입자의 직경(cm)

한편, 침전지의 표면 부하율 즉 수면적 부하는 다음과 같이 산정한다.

$$\text{표면 부하율} = \text{수면적 부하} = \frac{\text{유입수량}(m^3/day)}{\text{표면적}(m^2)} = \frac{Q}{A} = \frac{h}{t}$$

㉯ 침전지에서 100% 제거될 수 있는 입자의 최소 침강속도

$$V_o = \frac{Q}{A}$$

여기서, V_o : 완전제거가 가능한 입자의 최소 침강속도(m/day)

㉰ 침전제거효율

$$E(\%) = \frac{V_s}{V_o} \times 100 = \frac{V_s}{Q/A} \times 100 = \frac{V_s}{h/t} \times 100$$

㉱ 체류시간

$$t = \frac{V}{Q}$$

여기서, t : 체류시간(hr), V : 침전지 용적(m^3), Q : 유입수량(m^3/hr)

Stokes의 법칙에서 입자의 침강속도는 입자와 액체의 밀도차에 비례하며, 액체의 점성계수에 반비례하고, 입자의 직경의 2승에 비례한다. 그러므로 입자의 침전속도를 크게 하는 가장 효과적인 방법은 입자의 직경을 크게 하는 방법이다.

실무예제 3.1

여주시 교동지역에서 발생하는 하수 유량 2800m^3/day, 슬러지의 반송비 50%의 활성슬러지 처리공정에서 최종 침전지의 부피가 500m^3이다. 최종 침전지에서 체류시간은 몇 시간인가?

풀이

$$t = \frac{V}{Q} = \frac{500}{2,800(1+0.5)/24} = 2.86\ hr$$

㉳ 월류부하

$$월류부하(m^3/m/d) = \frac{Q}{L}$$

여기서, L : 월류 위어의 길이(m)

(2) 부상분리(Flotation)

유지류, 지방류, 섬유질 등 밀도가 낮은 고형물의 분리 및 제거를 말한다.

① **부상 속도** : Stoke's 법칙 응용

$$V_s = \frac{(\rho_w - \rho_s)gd^2}{18\mu} = \frac{(1-s)gd^2}{18\nu}$$

② A/S비는 공기(air)/고형물(Solid) 비율로 다음과 같이 나타낸다.

$$\text{A/S비} = \frac{\text{주입 또는 감압에 의한 공기량}(mg/l)}{\text{폐수 내 고형물농도}(mg/l)}$$

$$= \frac{1.3Sa(f_p - 1)}{S}(\times \frac{R}{Q})$$

여기서, S : 폐수내 고형물 농도(mg/l) S_a : 공기용해도(mg/l)
f : 상수(=0.5) P : 적용압력
1.3 : 공기의 비중량 R/Q : 반송율

하수처리에서 유량조절이란 하수처리에 사용되는 물리적 단위조작에서 공정 조절, 공정 감시, 배출량 기록을 하는 단위조작을 말한다.

(3) 침전지에서는 유입구측에 정류판(baffle)을 설치하는데, 설치 목적은 유입하수가 정류판에 부딪쳐 유속이 줄어들고 탱크 단면에 골고루 퍼지게 하여 침전지 내에서 와류 등이 발생하는 것을 방지함으로써 침전효율을 증가시키기 위해서이다.

(4) 수평유속은 대략 0.3~0.4m/min이다.

(5) 침전지의 깊이는 보통 1~2m 정도이다.

(6) 침전지가 장방형일 때 폭과 길이의 비는 1 : 4 정도로 하는 것이 좋다.

(7) 침전지에서 침전한 슬러지를 규칙적으로 제거하지 않으면 침전지에서 체류시간이 길어 혐기성 분해를 일으키기 쉬우므로 하수처리장에서 최초 침전지의 슬러지는 최소한도 매시간마다 제거하는 것이 좋다. 이때, 혐기성 분해를 일으켜 발생하는 기체방울이 슬러지에 붙어 수면에 떠오르게 되는데 이를 스컴(부상물질)이라고 한다.

(8) 도시하수를 처리하는 최초 침전지의 체류기간은 대략 1~3시간, 표면침전율은 12~40$m^3/m^2 \cdot d$, BOD제거율은 약 35% 정도이다.

(9) 최초 침전법

최초 침전법(보통침전법)은 최초 침전지에서 이루어지는 침전으로 생물학적 처리(2차처리)를 위한 역할을 수행하며, 주로 유기성 부유물질을 침전 제거하는데, 그 특성은 다음과 같다.

① 침전 가능한 부유물의 제거함으로써 부유물의 농도를 저하시킨다.
② 침전시간은 1.5~3.0시간을 표준으로 한다.
③ 수면적 부하는 보통 25~50$m^3/m^2 \cdot d$ 범위로 결정한다.
④ 최초 침전지에서의 유속은 1.5m/분 이하로 한다.
⑤ 대체로 최초 침전처리의 효율은 50~70%의 SS제거와 25~40% BOD제거가 된다.

(10) 약품침전법

대량의 공장폐수를 함유하는 하수의 1차 처리로서, 2차 처리에 대한 유기물 부하의 감소나 2차 처리에서 제거할 수 없는 색도제거 등을 위해서 사용된다. 약품침전법(chemical sedimentation)은 보통침전법으로는 기대할 수 없는 부유물질 중 극히 미세한 것과 비중이 적은 부유물의 침전을 위하여 응집제를 사용하는데, 응집제는 상수도편에서 이미 설명한 것과 동일하며, 황산알루미늄, 황산제1철($FeSO_4 \cdot 7H_2O$), 황산제2철, 염화제2철($FeCl_2$), 석회 등이 사용된다. 처리효과는 1차 침전과 2차 처리의 중간 정도로 SS의 80~90%, BOD의 65~85%가 제거된다.

3.1.5 화학적 처리

화학적 처리는 용해성 유기물 및 무기물을 처리하는데 목적이 있다.

① 중화 : pH조정	② 산화 및 환원
③ 추출	④ 흡착
⑤ 이온교환	⑥ 역침투법
⑦ 전기투석	⑧ 전기분해

(1) 중화 : 산-염기 반응을 이용, pH 조절 또는 중화한다.

① **산성폐수 중화** : 가성소다, 소다회, 생석회, 소석회를 이용한다.

② **염기성 폐수 중화** : 황산, 염산, 탄산가스(CO_2)를 이용한다.

③ $NV = N'V'$

㉮ N, N′: 산 또는 염기의 규정농도(normality)

㉯ V, V′: 산 또는 염기의 체적

(2) 산화 환원 반응 : 중금속의 제거 시 이용한다.

(3) 화학적 응집반응 : 용해성 물질(콜로이드) 제거 시 이용한다.

(4) 이온교환 : Zeolite 등 이온교환수지를 이용하여 특정 이온 제거에 이용한다.

물리적 처리 및·화학적 처리를 하수의 1차 처리라고 한다.

3.1.6 생물학적 처리(2차 처리)

생물학적 처리는 용해성 유기물질 및 부유성 유기물질을 제거하는 것이 목적이다.

① **호기성 처리법** : 활성오니법, 살수여상법, 라군법

② **혐기성 처리법** : 소화법(자연부상, 가압부상)

생물학적 처리는 호기성 처리와 혐기성 처리로 나눌 수 있다. 호기성 처리는 공기를 보내서 산소가 풍부한 상태로 하고, 호기성 미생물의 증식작용에 의해서 오수 중의 유기물을 보다 저분자의 유기물로 분해하여, 점차 무기화하고자 하는 것이다. 최종산물로서 탄산가

스, 초산염, 황산염이 된다. 이에 반하여 혐기성 처리는 무산소의 상태에서, 혐기성 미생물의 작용에 의해서 동일하게 오수 중의 유기물을 무기화하고자 하는 것이다. 최종산물로서는 메탄, 암모니아. 황화수소 등이 있다.

호기성 처리는 최종산물의 에너지 준위가 낮고, 반응이 빠르고, 생물의 에너지 효율이 좋기 때문에 널리 사용되며, 혐기성 처리는 반응이 늦고, 최종산물의 에너지 준위가 높고, 황화물과 같은 것이 생성하던가, 생물의 에너지 효율이 낮기 때문에 물리적 처리로서는 불리한 점도 있으나, 오니발생량이 적고, 최종생성물로서 발생하는 메탄가스를 열원으로서 이용할 수 있다는 것 등에서 하수오니나 분뇨 등, 고형물이 많은 오수 등, 유기물 함유량이 높은 폐수에 사용된다.

(1) 생물학적 처리의 기본

① 생물학적 하수처리의 방법

㉮ 호기성 처리법 : 활성슬러지법, 살수여상법, 회전원판법, 산화지법.

㉯ 임의성 처리법 : 살수여상, 산화지.

㉰ 혐기성 처리법 : 소화, Imhoff 조, 부패조, 산화지.

② 생물학적 처리를 위한 운영(영양)조건(호기성 처리시)

㉮ 영양물질 : BOD : N : P 비가 100 : 5 : 1이 되도록 조정.

㉯ 용존산소 : 최저 DO 0.5~2.0mg/l 로 유지.

㉰ pH : 6.5~8.5로 유지.(최적 pH : 6.8~7.2)

㉱ 수온 : 20~40℃로 높게 유지.

(2) 활성슬러지법(활성오니법) 개요

장기간 동안 폐수를 포기시키면 호기성 생물체의 작용으로 인해서 오염물들이 응집(flocculation)하는데, 이 플록은 포기나 교반을 잠시 중지하게 되면 부유물을 흡입하여 더 큰 플록을 형성하여 침전하게 된다. 이와 같이 플록을 형성하여 폐수 중의 용존 또는 부유물을 제거하는 방법을 활성슬러지(activated sludge)법이라 한다. 포기 방법으로는 흡입식과 기계적 방법이 있다. 흡입식 방법은 압축한 공기를 포기조에 도입시켜 살포시키는 방법으로 동력비가 비싸게 들지만 농도가 큰 폐수처리에 효과가 있고 송기량을 조절할 수 있어, 포기조 내의 상태에 따라 가감할 수 있는 장점이 있다. 기계적 방법은 기계적 교반에 의하여 수면에서 공기 중의 산소를 강제로 취입시키는 방법으로 그 사용도는 높지 않다. 활성

슬러지법은 1차 처리된 폐수의 2차 처리를 위해서 혹은 1차 처리를 거치지 않은 폐수를 호기성으로 완전 처리하기 위하여 사용하는 방법이다.

① 원리

포기조에 유입되는 하수에 산소를 공급(호기성 조건)하면 이 조건에 적합한 호기성 미생물이 번식하여 이 미생물들과 용존 미립자들이 계면현상에 의해 뭉쳐져 플록이 형성되는데 이 플록을 활성슬러지 플록이라 하며 이처럼 호기성 미생물의 대사 작용에 의해 유기물(BOD 성분)을 제거하는 원리를 이용한 방법으로 우리나라 하수처리장에서 가장 많이 이용하고 있는 방법이다. 즉, 폐수를 계속 포기조로 주입시켜 미생물이 유기물을 섭취 분해하고 성장한 미생물을 응결 침전시키는 방법인 생물학적 침전법을 사용한다. 미생물에 의한 유기물의 섭취분해는 미생물의 증가를 초래하므로 양분의 공급과 포기조 내의 미생물과 적절한 평형을 유지하기 위하여 여분의 미생물은 폐슬러지로 제거되는데 이 평형을 F/M (food to microorganism)비율이라고 한다. F/M비가 높으면 미생물은 응결하지 않고 분산되어 성장하므로 침전지에서 잘 침전하지 않는 단점이 있고 또한 유출수에는 제거되지 않은 유기물이 존재하므로 결국 높은 F/M비에서의 BOD제거율은 떨어지게 된다. 하수를 포기하면 하수 중의 유기물을 영양원으로 각종 호기성 미생물이 번식하는데, 그 동안 포기에 의한 교반작용은 하수 중의 부유물과 콜로이드상 물질을 응집시켜 하수처리에 효과적인 활성슬러지가 얻어진다. 처리조건은 다음과 같다.

① 온도 20~25℃(10℃이하 또는 35℃이상은 처리 악화)
② pH의 범위 6~8
③ 포기조 내의 DO농도는 2mg/ℓ 이상
④ 영양소비 BOD : N: P=100 : 5 : 1
　㉮ 미생물의 성장상태
　　㉠ 대수성장단계 : 유기물의 분해속도가 가장 빠른 성장단계로 미생물의 수가 증가한다.
　　㉡ 감소성장단계 : 침전성이 양호해지는 단계(플록이 형성되기 시작)
　　㉢ 내생호흡단계 : 침전효율이 가장 양호한 단계

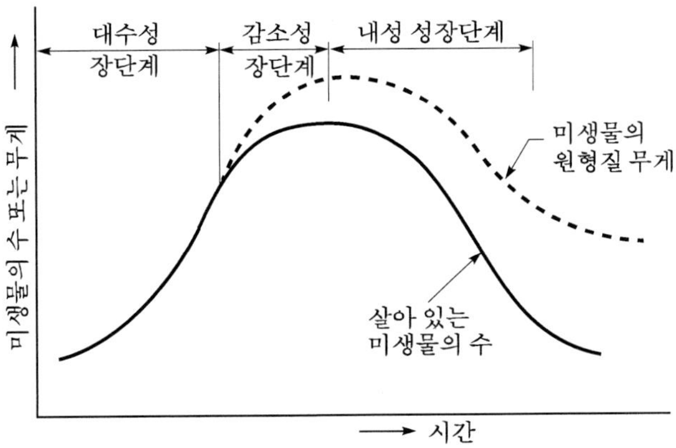

그림 3.1 미생물의 성장곡선

② 활성슬러지법의 기본공식

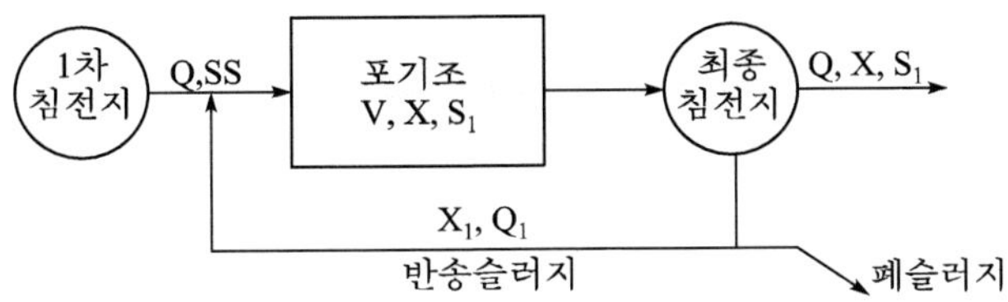

그림 3.2 활성슬러지법의 기본 흐름도

㉮ BOD 용적부하(kg BOD/m³ · d) : 포기조내 단위용적당 제거되는 BOD량

$$= \frac{1\text{일 BOD 유입량}(\text{kg}\cdot\text{BOD/d})}{\text{포기조 부피}(\text{m}^3)}$$

$$= \frac{\text{하수의 BOD} \times \text{하수량}}{\text{포기조 부피}(\text{m}^3)}$$

$$= \frac{\text{BOD}\cdot\text{Q}}{\text{V}} = \frac{\text{BOD}\cdot\text{Q}}{\text{A h}}$$

실무예제 3.2

여주시 하수종말처리장에서 유량 3000m^3/day, BOD농도 200mg/ℓ인 하수를 용량 500m^3 폭기조(aeration tank)로 처리할 때 BOD 용적부하는 얼마인가?

풀이

$$\text{BOD 용적부하} = \frac{BOD \cdot Q}{V} = \frac{200 \times 10^{-3} \times 3{,}000}{500} = 1.2\text{kg/m}^3 \cdot \text{d}$$

㉯ F/M비(kg BOD/kg MLVSS · d) (=BOD 슬러지 부하)는 포기조내 하루에 슬러지(MLSS)단위 kg당 제거되는 BOD량을 말한다.

$$\text{즉, F/M비} = \frac{\text{1일 BOD 유입량(kg·BOD/d)}}{\text{MLVSS 량(kg)}}$$

$$= \frac{BOD \cdot Q}{MLVSS \cdot V} = \frac{BOD}{MLVSS \cdot t}$$

포기조 중의 부유물질로서 포기조 내의 미생물을 MLSS라고 한다.

실무예제 3.3

여주시 하수종말처리장에서 유입수의 평균 BOD=1,800mg/ℓ, 평균유량= 2,000m^3/day, 폭기조 MLVSS= 2,500mg/ℓ, 폭기조의 부피=14,000m^3 일 때 F/M비는?

풀이

$$\text{F/M 비} = \frac{BOD \cdot Q}{MLSS \cdot V} = \frac{1{,}800 \times 10^{-3} \times 2{,}000}{2{,}500 \times 10^{-3} \times 14{,}000} = 0.1$$

실무예제 3.4

여주시 하수종말처리장에서 유입하수량 10000m^3/day, 유입 BOD농도 120mg/ℓ, 폭기조내 MLSS농도 2000mg/ℓ, BOD부하 0.3kg · BOD/kg · MLSS · day일 때 폭기조의 용적은?

풀이

$$\text{F/M비 } 0.3 = \frac{120 \times 10^{-3} \times 10{,}000}{2{,}000 \times 10^{-3} \times V} \text{에서 } \therefore\ V = 2{,}000\text{m}^3$$

실무예제 3.5

여주시 하수종말처리장에서 하수처리 방법 중 활성슬러지법에서 MLSS 농도가 2,000mg/ℓ 이고 BOD 농도가 200mg/ℓ 이다. 폭기조 내에 체류시간이 6시간이면 F/M비는 몇 kg-BOD/kg-MLSS · day인가?

풀이

$$\text{F/M 비} = \frac{\text{BOD}}{\text{MLSS}\cdot \text{t}} = \frac{200\times 10^{-3}}{2{,}000\times 10^{-3}\times 6\times \frac{1}{24}} = 0.4$$

실무예제 3.6

여주시 하수종말처리장에서 활성슬러지 공정의 설계에 있어 F/M비는 매우 유용하게 사용된다. 만일 유입수의 BOD가 2배 증가하고 반응조의 체류시간을 1.5배로 증가시키면 F/M비는?

풀이

$\text{F/M 비} = \dfrac{\text{BOD}\cdot \text{Q}}{\text{MLSS}\cdot \text{V}}$ 이고 BOD가 2배 증가하며, 반응조의 체류시간을 1.5배로 증가시키면 $\text{F/M 비} = \dfrac{2\text{BOD}\cdot \text{Q}}{1.5\text{MLSS}\cdot \text{V}} = 1.33\dfrac{\text{BOD}\cdot \text{Q}}{\text{MLSS}\cdot \text{V}}$ 이므로 33% 증가한다.

㉰ 슬러지 용적지수(Sludge Volume Index, SVI)

폭기조 혼합액(MLSS) 1ℓ 를 30분간 침전시킨 후 1g의 MLSS가 슬러지로 형성시 차지하는 부피를 단위부피(mℓ)당으로 나타낸 값을 말한다.

㉮ SVI가 작을수록(50~150) 침전성이 양호하며 슬러지가 농축되기 쉽다.

㉯ SVI가 클수록(200 이상) MLSS는 하강하며 슬러지 팽화를 의미한다.

따라서, SVI는 침강농축성(슬러지 팽화) 여부를 확인하는 지표가 된다.

$$\text{SVI} = \frac{\text{30분간 침전후 슬러지 부피(ml/l)}}{\text{MLSS 농도(mg/l)}} \times 1{,}000$$

㉱ 슬러지 밀도지수(Sludge Density Index, SDI)

침전 슬러지양 100mℓ 중에 포함되는 MLSS를 그램(g)수로 나타낸 것으로 SVI의 역수이다.

$$\text{SDI} = \frac{100}{\text{SVI}}$$

㉮ 고형물 체류시간(Solid Retention Time, SRT)은 포기조 내에 미생물이 머무는 시간을 의미한다.

$$SRT = \frac{X \cdot V}{X_r \cdot Q_w + (Q - Q_w) X_e} \fallingdotseq \frac{X \cdot V}{X_r \cdot Q_w}$$

여기서, X_r : 반송 슬러지 SS 농도

X_e : 유출수 내의 SS 농도(≒0)

Q_w : 잉여 슬러지양(슬러지 생산량)

X : 포기조 내의 MLSS 농도

실무예제 3.7

여주시 하수종말처리장 실험실에서 1ℓ의 매스실린더에 활성슬러지를 채우고 30분간 침전시킨 후 침전된 슬러지의 부피가 180mℓ이었다. 이 때 MLSS가 2,000mg/ℓ이었다면 슬러지 용적지표(SVI)는?

풀이

$$SVI = \frac{30\text{분간 침전후 sludge 부피}(m\ell/\ell) \times 10^3 (mg/g)}{MLSS\ \text{농도}(mg/\ell)} = \frac{180 \times 10^3}{2{,}000} = 90$$

실무예제 3.8

여주시 하수종말처리장 최종침전지에서 슬러지 침강성을 조사한 결과 SS를 2,000mg/ℓ 함유하는 폭기조 혼합액 1ℓ를 30분간 침전시킨 후 MLSS가 점유하는 부피는 150mℓ이었다. SVI(슬러지 용적지수)와 SDI(슬러지 밀도지수)는 각각 얼마인가?

풀이

$$SVI = \frac{150}{2{,}000 \times 10^{-3}} = 75, \quad SDI = \frac{100}{SVI} = \frac{100}{75} = 1.33$$

실무예제 3.9

여주시 하수종말처리장에서 MLSS가 2000mg/ℓ 로 30분간 정지했을 때의 침강용적이 30%(SV)일 경우는 SVI는 얼마인가?

풀이

$$SVI = \frac{300}{2{,}000 \times 10^{-3}} = 150$$

㉶ 슬러지 반송율(r)

$X(Q+Q_r)=X_r \cdot Q_r$ 에서 유량 Q로 나누면

$X(1+r)=X_r \cdot r$ 이므로 $X=\dfrac{X_r \cdot r}{1+r}$ 이고 r에 대하여 정리하면 다음과 같이 표현된다.

$$r=\frac{X-SS}{X_r-X}\times 100(\%) \quad \text{또는} \quad r=\frac{X-SS}{\dfrac{10^6}{SVI}-X}\times 100(\%)$$

여기서, X : 포기조 내의 MLSS 농도,

SS : 유입수의 SS 농도(고려하지 않을 경우에는 0)

X_r : 반송 슬러지 SS 농도

㉷ 슬러지 반송유량(Q)는 다음과 같다.

$$Q=\frac{X-SS}{X_r-X}\times Q'$$

여기서, Q′ : 유입 오수량

실무예제 3.10

여주시 하수종말처리장에서 활성슬러지 공정에서 2차침전지 반송슬러지의 농도가 16,000mg/ℓ였다. 폭기조의 MLSS 농도를 2,500mg/ℓ로 유지하기 위한 반송율은?

풀이

$$r=\frac{MLSS-SS}{\text{반송슬러지 }SS-MLSS}=\frac{2{,}500-0}{16{,}000-2{,}500}\times 100=18.5\ \%$$

실무예제 3.11

여주시 하수종말처리장에서 활성슬러지법을 이용한 하수처리 시스템에 5,000m^3/day의 하수가 유입되고 있다. 폭기조의 MLSS를 2,000ppm, 반송 슬러지의농도를 10,000ppm으로 할 때 반송 슬러지의 유량은 얼마인가? (단, 유입수의 고형물 농도는 무시한다.)

풀이

반송 슬러지 유량

$$Q=\frac{MLSS\text{ 농도}-\text{유입수 }SS\text{농도}}{\text{반송슬러지 농도}-MLSS\text{ 농도}}\times \text{유입 하수량}$$

$$=\frac{2{,}000-0}{10{,}000-2{,}000}\times 5{,}000=1{,}250\ m^3/day$$

③ 활성슬러지 운전상 유의할 사항은 다음과 같다.

㉮ 슬러지 팽화현상(Sludge Bulking)

슬러지 팽화란 일반적으로 사상균(絲狀菌)의 과도한 성장으로 SVI가 현저하게 증가하고 응집성이 나빠져 포기조 내에서 처리수의 분리가 곤란하게 되어 활성슬러지가 최종침전지로 넘어갈 때 잘 침전되지 않고 부풀어 오르는 현상을 말한다.

㉠ 원인은 다음과 같다.

- 유입수 및 수질의 과도한 변동(과부하)
- 유기물의 과도한 부하
- 용존산소(DO)의 부족
- 영양염류(질소, 인)의 부족(불균형)
- MLSS 농도의 저하
- pH값의 저하
- 슬러지 배출량의 조절불량
- 높은 C/N비

㉡ 방지대책은 다음과 같다.

- 폭기조 내의 체류시간을 30분 이내로 제한한다.
- 염소를 희석수에 살수를 행한다.
- MLSS의 농도를 증가시켜 F/M비를 낮춘다.
- BOD 부하를 반감시킨다.
- 하수를 단계적으로 유입한다.
- 슬러지 반송율을 증가시킨다.
- 용존산소를 높이기 위하여 포기를 증가한다.

㉯ 슬러지의 부상 현상(Sludge Rising)

포기조에서 질산화에 의해 생성된 NO_3^-가 2차 침전지에서 탈질소화가 발생하여 N_2 가스가 생성되어 슬러지 플럭에 부착되어 침전된 슬러지를 부상시키는 현상.

㉮ 원인은 다음과 같다.

- 종말 침전지에서의 슬러지의 체류시간이 길 때.
- 포기시간이 너무 길어 질산화가 발생한 경우.

· 종말 침전지의 설계 불량.

㉯ 방지대책은 다음과 같다.

· 종말 침전지에 침전된 슬러지를 빠르게 제거한다.
· 반송슬러지의 양수율을 증가시키거나 포기량을 감소한다.
· 침전을 개선한다.

표 3.2 활성슬러지법의 장점 및 단점

장점	단점
① 설치면적이 적게 든다. ② 처리수의 수질이 특히 우수하다. ③ 악취나 파리 발생이 거의 없고 2차공해의 우려가 없다. ④ BOD, SS의 제거율이 높다.	① 유지관리에 상당한 숙련을 요한다. ② 운전비가 많이든다. ③ 수량, 수질 등에 영향을 받기 쉽다. ④ 슬러지 생성량이 많다. ⑤ 슬러지의 행화가 위험하다.

④ 활성슬러지법의 각종 변법

㉮ 표준 활성슬러지법(Standard Activated Sludge Process)

활성슬러지법에서 기본이 되며 가장 널리 사용되는 방식으로 가장 양질의 처리수를 얻을 수 있는데 BOD는 85~95%, SS는 80~90%의 제거율을 갖고 높은 수온에서는 하수의 폭기시간이 길고 부하변동과 충격하중에 대해 과대폭기의 우려가 있다. 또한 폭기시간(HRT)은 6~8시간, 포기조내 유효수심은 4~6m, MLSS 농도는 1,500~ 2,500mg/L를 표준으로 하며 포기방식은 전면포기식, 선회류식, 미세기포 분사식, 수중교반식 등이 있다.

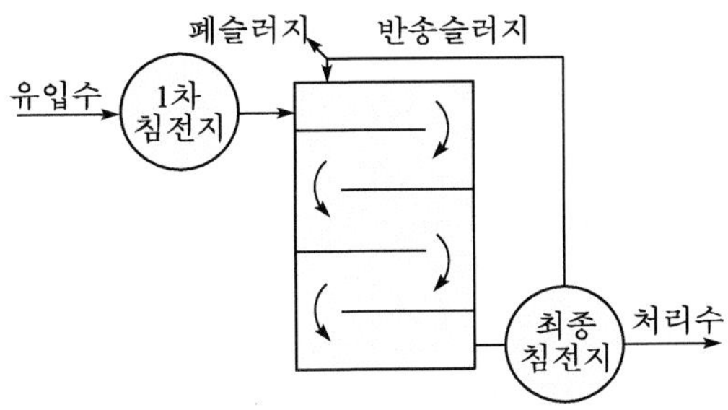

그림 3.3 표준 활성슬러지 공법

㉯ 계단식 폭기법(Step Aeration Process)

반송슬러지는 폭기조의 유입구에 전량 반송하지만, 유입수는 폭기조 길이에 걸쳐 골고루 분할하여 유입시키는 방식으로 폭기조내 산소이용률을 균등화시키며 유입하수의 BOD 부하량이 높아져도 F/M비를 적정한 범위로 유지하기 쉽고 폭기조 내에서 유출하는 MLSS 농도를 낮출 수 있으므로 SVI가 높아져도 그 대응이 쉬운 방법이다.

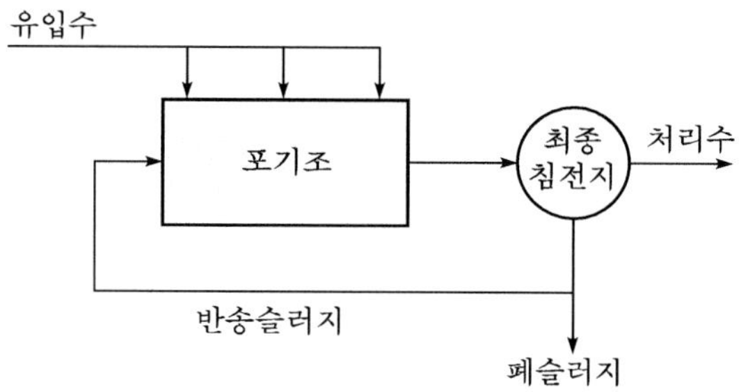

그림 3.4 계단식 폭기법

㉰ 장기 폭기법(장시간 폭기법, Extended Aeration Process)

소규모의 가정하수를 처리하기 위한 것으로, 폭기조에서 활성슬러지를 오랜 시간 포기함으로서 세포가 내생호흡기에서 유기물질이 제거되도록 설계된 것으로 SRT는 15일 이상, F/M비는 0.03~0.05, MLSS는 4,000mg/ℓ 정도, 반송률 50~150%로 적용되고, 폭기시간이 16~24시간으로 낮은 BOD-SS 부하로 운전하는 방식이며, 잉여 슬러지 양을 최대한 감소시키기 위한 방법으로 한다. 일반적으로 최초 침전지를 생략하며 표준 활성슬러지법과 흐름도가 기본적으로 같다.

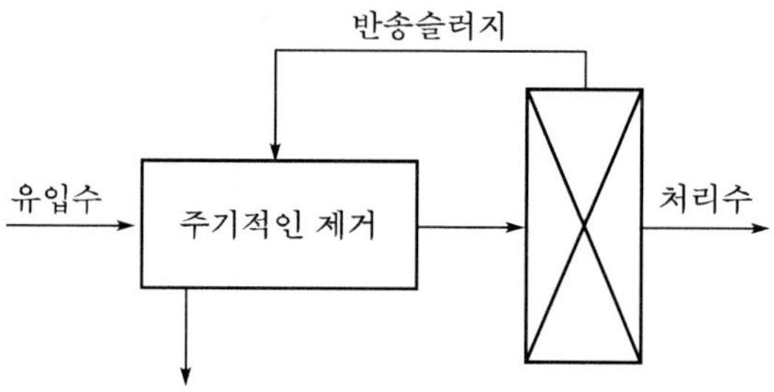

그림 3.5 장기 폭기법

㉣ 접촉 안정법(Contact Stabilization Process)

폭기조에서 유입폐수와 포기조 MLSS를 30분 동안 접촉시킨 후 플록 내에 유기물을 흡착시킨 후, 안정조에서는 침전지에서 반송된 슬러지를 폭기 시키며 흡착된 유기물을 산화시키는 것으로 대량의 폐수를 폭기시키는 대신에 소량의 반송 슬러지를 폭기시키는 방법이다. 이때 재폭기조의 MLSS는 4,000~10,000mg/l 정도로 높으며, 체류시간은 3~6시간 정도이다. 공기 주입량은 표준 활성슬러지법의 반정도 이며, 일반적으로 최초 침전지를 생략한다.

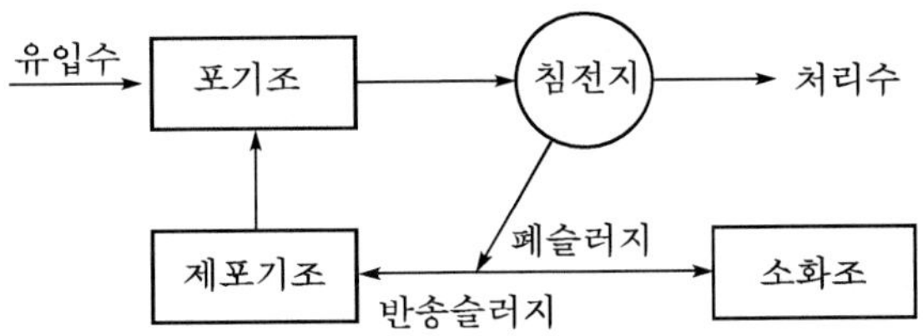

그림 3.6 접촉 안정법

표 3.3 접촉안정법의 장점 및 단점

장점	단점
· 생물성 슬러지가 접촉재 표면에 생물막상으로 부착 생성하기 때문에 접촉재의 비표면적이 클수록 다량으로 보관 유지할 수 있다. · 슬러지 일령이 상당히 길다. · 광범위한 생물상을 나타내어 생물화학적 안정성이 증대한다. · 슬러지의 자기산화가 촉진되어 잉여슬러지의 생성량도 감소한다. · 저농도의 오수와 저부하 조건에 특별한 대응성을 가진다.	· 부착된 생물량을 임의의 일정량으로 조절하기가 곤란하다. · BOD 혹은 부유물에 대해 고부하 조건을 가하면 생물성 슬러지의 축적 속도가 증가하여 여상의 폐색 현상이 빨리 생긴다.

㉤ 산화구법(Oxidation Ditch Process)

장기폭기법에 기초를 둔 것으로 폐수를 타원형의 수로에 유입시키면서 폭기시켜 활성슬러지를 번식시켜 폐수를 처리하는 방법으로 산화구에서는 질산화와 탈질산화가 한꺼번에 일어나며, 체류시간이 매우 길고, 처리수질은 표준 활성슬러지법과 같은 정도로 우수하나 부지가 넓게 많이 소요된다.

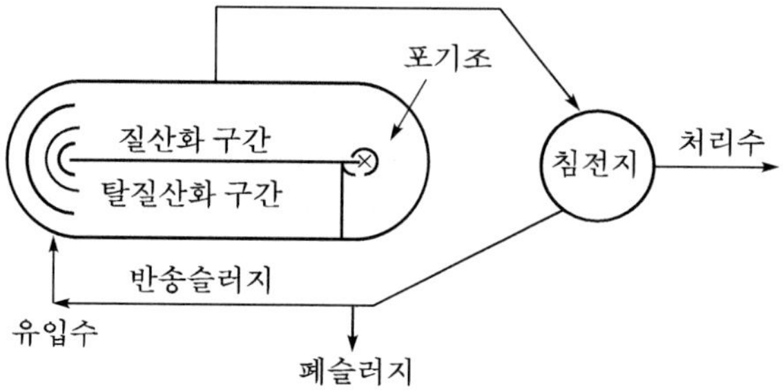

그림 3.7 산화구법

㉥ 순산소 포기법(Pure oxygen Aeration Process)

폭기조 내의 산소 공급시 공기 대신에 산소를 직접 공급시키는 방법으로 장점으로는 산소공급에 소요되는 동력이 매우 적고 미생물 반응상태를 증가시킨다. 짧은 폭기시간으로 높은 MLSS를 유지할 수 있다.

㉦ 점강식 폭기법(Tapered Aeration Process)

산기식 포기장치를 사용하며 유입부에 많은 산기기(산기장치)를 설치하고 포기조의 말단부에는 적은수의 산기기를 설치하여 포기조 위치에 따른 산소요구의 변화에 적합하도록 포기하는 방법이다.

㉧ 기타 활성슬러지 변법

호기성 여상법, 수정식 폭기법, 크라우스공법, 고속폭기식 침전법, 연속 회분식 활성슬러지법(SBR)

(3) 살수여상법(Trickling Filter)

① 원리

여재(쇄석)로 채워진 여상위에 살수된 하수는 여재 사이를 유하하면서 하수 중에 있는 유기물질이 여재 표면에 번식하는 미생물이 하수와 접촉하여 고형물을 섭취 · 분해함으로써 제거되며, 침사지, 침전지, 활성 슬러지보다 손실수두가 큰 시설이다.

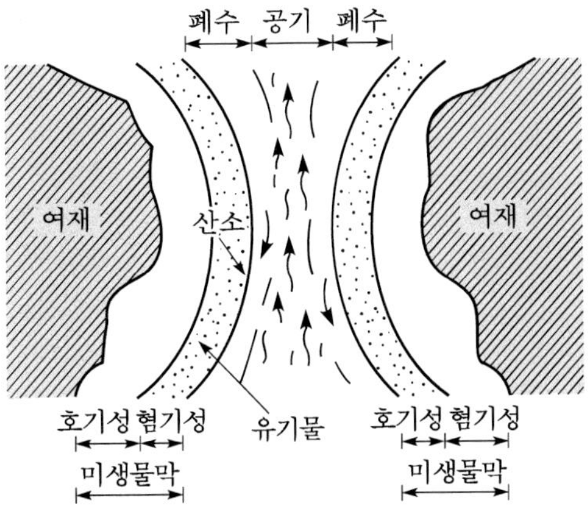

그림 3.8 폐수와 미생물막과의 물질 이전

② 살수여상의 구성은 다음과 같다.

㉮ 여상

- 형상 : 원형, 장방형
- 지름 : 50m 이하
- 깊이 : 2m 이하
- 바닥구배 : 1/100~2/100

㉯ 여재

- 여재의 종류 : 쇄석, 플라스틱 여재, 자갈, 광재
- 여재의 크기 : 30~50mm(저율여상), 50~60mm(고율여상)

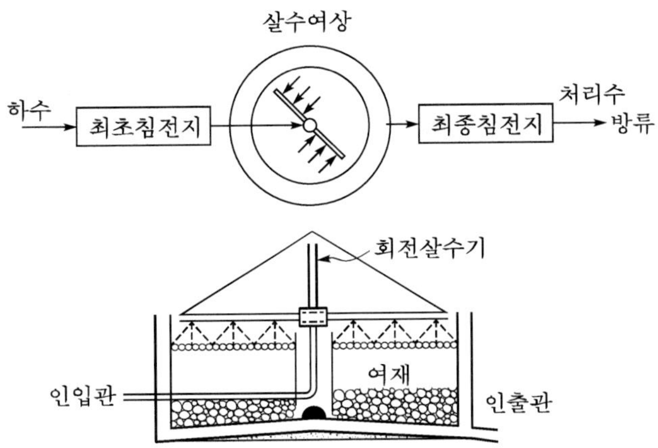

그림 3.9 살수여상의 구조

③ 살수여상의 종류

㉮ 저율 살수여상(표준 살수여상)

㉠ 원리

폐수가 재순환 없이 1회만 여상을 통과하며 낮은 수리학적 부하로 인해 폐수는 배수조로부터 자동 사이폰이나 펌프에 의해 간헐적으로 여상에 주입되는 방식이다.

㉡ 특징

- 탈리된 미생물막은 안정되어 있고, 쉽게 침강된다.
- 구조가 간단하고, 운전이 용이하며, 에너지비용이 적게 소요된다.
- 과부하에 민감하여, 여상의 폐색과 파리가 번식하기 쉽다.
- 소규모 처리장에 적합하다.

㉯ 고율 살수여상

㉠ 원리

여상을 통과한 폐수를 연속적으로 여상에 주입시켜 이미 여상을 통과한 순환수를 반송시킴으로써 높은 여과속도를 유지 하게 되고 여재에서는 계속적으로 점막의 일부가 고형물의 형태로 탈리되는 방식이다.

㉡ 특징

- 대규모 처리시설에 적합하다.
- 주입 사이폰이 필요 없다.
- 표준살수여상보다 BOD 제거율이 낮으며, 침강성도 덜 양호하다.

표 3.4 표준 살수여상법과 고속 살수여상법 비교

구분	표준 살수여상법	고속 살수여상법
살수부하율	1~3m^3/m^2·d	15~25m^3/m^2·d
BOD용적부하	0.08~0.3kg/m^3·d	0.8~12kg/m^3·d
여재의 크기	25~30mm	50~60mm
BOD제거율	75~85%	65~75%
SS제거율	70~80%	65~75%
특징	· 구조가 간단하고 운전이 쉽다. · 넓은 부지면적이 소요된다. · 과부하에 민감하고 파리가 번식하기 쉽다. · 소규모 처리장에 적합하다.	· 대규모 처리자에 적합하다. · 살수기의 자동운전이 쉽다. · 파리의 발생이 적다. · 약취발생이 적다. · 유입하수의 유량, 온도, 유독 물질의 영향이 적다.

㉰ 2단 살수여상

이 형식은 2기의 여과상을 사용하므로 표준법과 동일한 BOD 제거율을 얻을 수 있다. 그러므로 2단 살수여상은 질이 좋은 처리수가 요구될 때나 농도가 높은 폐수를 처리하기 위하여 사용된다.

(4) 회전원판법(RBC : Rotating Biological Contactor)

① 원리

원관들을 연결하여 수평회전축을 중심으로 회전시키며 수평축 아래의 원판을 하수에 잠기게 하여 원판에 부착되어 번식한 미생물군을 이용하여 하수 중의 유기물질을 흡착·산화 제거하여 하수를 정화하는 방법으로, 원판이 하수 위로 노출될 때는 산소의 공급을 받게 되므로 별도의 폭기시설이 필요 없으며 유지비가 많이 든다.

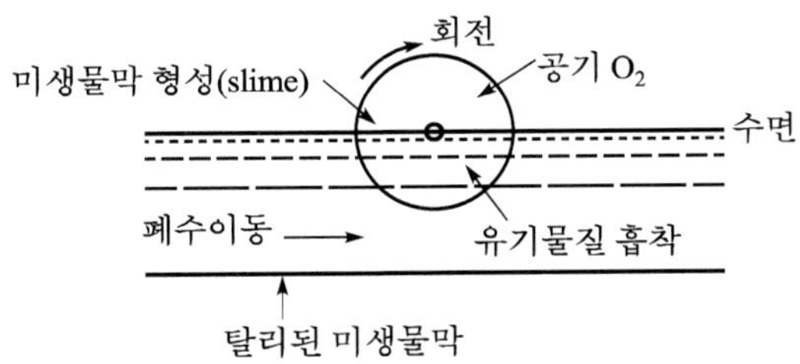

그림 3.10 회전원판법의 원리

② 구조

회전원판은 biodisk 라고 하며, 1개의 회전축에 다수의 원판이 연결되어 있다.

㉮ 원판의 재질 : 고밀도의 polyethylene 또는 polystyerne

㉯ 지름 : 2.7~3.6m

㉰ 두께 : 1~2m

㉱ 처리 수조의 깊이 : 3~4m

㉲ 회전속도 : 원주위(주변) 속도로 표시되며 1.5m/min 정도

㉳ 침전면적 : 원판 전면적의 40~50% 정도

㉴ 체류시간 : 2시간

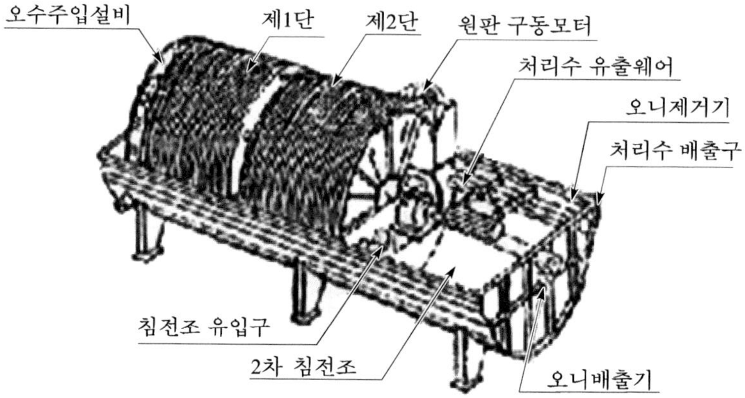

그림 3.11 회전원판법의 구조

③ 특징

㉮ 장점

- 유지, 관리가 용이하다.
- 고농도로부터 저농도 하수까지 처리가 가능하다.
- 수리학적 부하변동에 강하다.
- 충분한 난류에 의하여 하수가 적절히 혼합된다.
- 잉여슬러지의 생성량이 적다.

㉯ 단점

- 온도에 영향을 많이 받으므로 동절기 온도유지가 필요하다.
- 건설비가 활성 슬러지법보다 약간 높다.
- 일광에 의한 조류번식과 강우에 의한 미생물막의 탈리가 문제이다.
- 원판면상에서 심한 혐기성 냄새를 발생한다.
- 정화기구가 복잡하여 해석이 어렵고 인위적으로 제어할 수 없다.
- 슬러지 배출시설이 필요하다.

④ 생물막법의 장단점(활성슬러지법과 비교)

㉮ 장점

㉠ 건설비와 유지비가 적게 든다.

㉡ 폭기에 동력이 필요없다.

㉢ 운전조작이 간단하며, 하수의 수질이나 하수량 변동에 대응하기 쉽다.

㉣ 온도에 대한 영향이 적으며, 슬러지 팽화(bulking) 문제가 없다.

㉤ 슬러지 생산량이 적고, 슬러지 반송이 필요 없다.

㉥ 반응조를 다단화하여 반응효율과 처리안정성이 향상된다.

㉯ 단점

㉠ 연못화 현상으로 인한 여상의 폐색이 잘 일어난다.

㉡ 냄새를 발생하기 쉽다.

㉢ 여름철에 여상파리가 발생할 우려가 있으며, 겨울철에 동결 문제가 있다.

㉣ 미생물의 탈락으로 처리수가 악화되는 일이 있다.

㉤ 수두손실이 크다.

㉥ 활성슬러지법에 비해 처리효율이 낮다.

표 3.5 회전원판법과 활성슬러지법 비교

구분	회전원판법	활성슬러지법
미생물의 번식	• 고정식 • 분리형 • 생물상의 폭이 넓다. (후생동물도 존재)	• 부유형 • 혼합형 • 생물상의 균형이 중요하다.
MLSS의 관리	• 자영조성	• 인위적 조성(반송슬러지)
산소공급	• 원판의 회전 • 산소이용률이 높다.	• 산기관 등이 필요 • 산소이용률이 낮다(7~10%).
오수와 미생물접촉	• 생물상이 회전 (주로 생물상이 이동)	• 부유혼합수, 생물이 함께 이동하므로 에너지 과소비.
고액분리	• 저농도 SS의 분리 • 팽화현상의 염려가 없다.	• 고농도 SS의 분리 • 팽화현상의 염려가 있다.
부하안정성	대	소

이와 같은 원판이나 침지상(沈漬床) 등에 미생물을 부착 고정시켜 생물막을 형성하게 하고, 폐수가 그 생물막에 자주 접촉하게 함으로써 폐수를 정화시키는 방법으로 살수 여상법, 회전원판법 등이 있다.

(5) 산화지(Oxidation pond)

① 원리

얕은 연못에서 박테리아 및 조류의 공생관계에 의해 유기물을 분해시키는 방법.

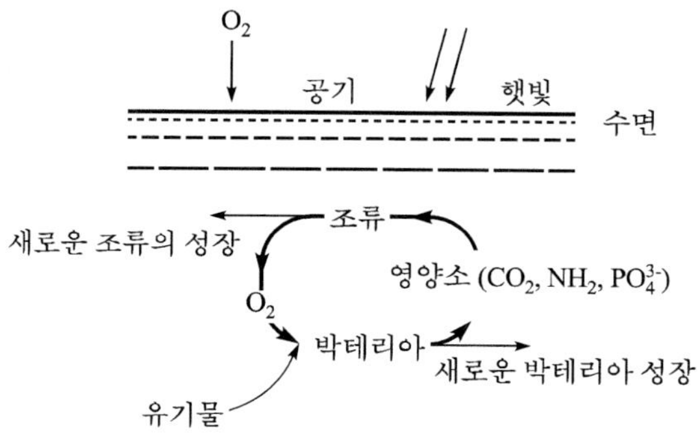

그림 3.12 박테리아와 조류의 공생

② 산화지의 구조

㉮ 형상 : 원형, 정사각형, 직사각형

㉯ 수위 : 최저 0.6m, 최고 1.5m

③ 산화지의 특성

㉮ 장점

㉠ 기계식 처리 방법보다 최초의 투자 및 시공비, 운영비가 적다.

㉡ 유출수의 방출을 제어할 수 있어서 하천유량이 낮은 경우 오염방지상 방출을 중단시킬 수 있다.

㉢ 하수관거의 지하수 또는 우수의 유입이 크더라도 큰 영향을 받지 않는다.

㉯ 단점

㉠ 토지요구도가 크다.

㉡ 냄새가 발생한다.

㉢ 겨울철에는 처리효율이 50% 정도로 낮아진다.

㉣ 산화지의 유출수가 방류될 경우 하천오염을 유발할 우려가 있다.

④ 주요 생물학적 처리 방법의 비교를 정리하면 다음의 표 3.6과 같다.

표 3.6 가장 많이 활용되는 생물학적 처리 방법의 비교

구 분		활성슬러지법	살수여상법	회전원판법	산화지
제거율	BOD	90%	82%	80~90%	70~80%
	SS	88%	79%	80~95%	70~80%
소요 대지면적		활성슬러지와 살수여상은 서로 비슷하다.	작다.	아주 넓다.	
슬러지 생산량		비교적 많다.	적다.	적다.	적다.
소요 동력		크다.	반송률에 따라 다르다.	적다.	없다.
유지관리		어렵다.	약간 다르다.	어렵다.	용이하다.
단점		• 동력이 소요된다. • 슬러지양이 다른 기타 방법에 비해 많다. • 거품 발생 문제가 있다.	• 짧은 체류시간으로 생하수내의 유기물질이 방류된다. • 자연에 의한 공기를 주입하기 때문에 적정처리가 어렵고 특히 겨울철에 문제가 발생 되기 쉽다. • 처리 정도를 결정하기 어렵다. • 냄새가 나며, 여재가 잘 막힌다. • 여름철에는 여상파리가 발생한다.	• 겨울철에 보온이 필요하다.(13℃ 이상) • 회전축이 파열될 우려가 있다. • 고농도 폐수처리가 어렵다.	• 소요면적이 매우 넓다. • 자연에 의하므로 적정처리가 매우 어렵다. • 겨울철에 동결 문제가 있다. • 냄새가 나며, 모기 등의 발생 우려가 있다. • 유출수로부터 조류를 제거하기 어렵다.

한편, 접촉산화법은 생물막을 이용한 처리방식의 한가지이며, 접촉제 표면에 발생 부착된 호기성 미생물의 대사활동에 의해 하수를 처리하는 방식으로 초기건설비가 많이 들며 분해속도가 낮은 기질제거에 효과적인 방법이며 유입기질의 변동에 유연한 대체가 가능하다.

3.1.7 하수의 고도 처리(3차 처리)

하수를 2차 처리인 생물학적 처리(활성슬러지법, 살수 여상법 등)를 거친 후에도 오염물질의 완전한 제거가 어려우므로 물을 원래의 수질로 환원시키기 위하여 실시하는 처리단계

로 주요 제거 대상은 영양염류(질소, 인 등) 이다.

(1) 종류

① 물리적 방법

Air stripping에 의한 암모니아 제거, 여과, 응집 침전법, 흡착법, 증류(distillation), 부상(flotation), 역삼투법, 활성탄 흡착법 등이 있다.

② 화학적 방법

응집, 이온 교환(ion exchange)법, 전기투석(eletro-dialysis)법, 산화(oxidation), 환원(reduction) 등이 있다.

③ 생물학적 방법

㉮ 질소 제거 방출법

- ㉠ 생물학적 질산화-탈질법
- ㉡ 이온 교환법
- ㉢ break point(파괴점) 염소주입법

㉯ 인 제거 방출법

- ㉠ A/O법(Anaerobic Oxic, 혐기호기 조합법)
- ㉡ Phostrip법

㉰ 질소, 인 동시 제거 방출법

- ㉠ 수정 Bardenpho법
- ㉡ A^2 /O법(Anaerobic Anoxic Oxic, 혐기무산소 호기 조합법)
- ㉢ SBR법
- ㉣ UCT법
- ㉤ VIP법
- ㉥ 수정 Phostrip법

㉱ 철, 망간 제거법

- ㉠ 산화법 : 폭기법, 염소법, 접촉산화법, 과망간산칼륨법
- ㉡ 응집법
- ㉢ 접촉여과법

3.2 하수처리시설

• TIP

하수처리 방법에서의 설계 방법 중 각 처리시설의 제원에 대한 정리가 필요하다.

3.2.1 하수처리장 시설별 설계기준

(1) 하수시설 침사지의 설계기준은 다음의 표와 같다.

표 3.7 하수시설의 침사지 설계기준

침사지 (중력식)	수면적 부하(오수)	1,800 $m^3/m^2 \cdot d$
	수면적 부하(우수)	3,600 $m^3/m^2 \cdot d$
	최소 제거 입자(오수)	0.2mm (ρ=2.65)
	최소 제거 입자(우수)	0.4mm (ρ=2.65)
	체류시간	30~60sec
	평균유속	0.3m/sec

(2) 1차(최초) 침전지

표 3.8 하수시설의 1차 침전지 설계기준

최초침전지	수면적 부하	25~40 m^3/m^2 일
	침전시간(분류식)	2~4hr
	침전시간(합류식)	3.0hr
	유효수심	2.5~4m
	평균유속	0.08~0.16m/min
	지형상	정방형, 원형
	장폭비	3:1~5:1
	바닥경사	장방형 : 1:100~1:50 원 형 : 1: 20~1:10
	수면여유고	40~60cm
	월류 weir 부하	250 $m^3/m/d$ 이상

(3) 포기조

표 3.9 하수시설의 포기조 설계기준

포기조 (표준 활성슬러지법)	MLSS 농도	1,500~4,000mg/ℓ
	송기량	0.8~1.1kg/kgBOD 제거량
	유효수심	4.0~6.0m
	지폭과 수심의 비	수심의 1~2배
	여유고	80m 정도

(4) 2차(최종) 침전지

표 3.10 하수시설의 2차 침전지 설계기준

최종침전지	월류언 부하	$190m^2/m/d$
	정류벽 개구율	6~20%
	슬러지 인발	변조작(수위차) 펌프 슬러지 수집기
	수면적 부하	$20 \sim 30\ m^3/m^2\ d$
	고형물 부하	$95 \sim 145\ kg/m^2\ d$
	침전시간	3.0~5.0hr
	유효수심	2.5~4m
	평균유속	0.08~0.16m/sec
	지 형상	정·장방형, 원형
	장폭비	3:1~5:1
	저구배	원형, 정방형 1:20~1:10 장 1:10~1:50
	수면 여유고	40~60cm

3.3 슬러지 처리시설

· TIP

슬러지 처리의 목적과 계통, 계획 슬러지양, 슬러지 부피 감소율의 계산, 혐기성 소화와 호기성 소화의 비교 문제 등이 중요하다. 계산 문제에 대한 적응과 각 처리시설의 중요사항에 대한 정리가 필요하다.

폐수를 처리함은 원칙적으로는 자연환경에 그대로 방류해도 지장이 없는 물과 배수 중에 함유하고 있는 오염물질을 어떻게 분리하고, 오염물질의 양을 어떻게 하면 감소시키는가 등이 문제가 된다. 그래서 폐수를 처리하면 필연적으로 분리된 오염물질, 즉 배수처리슬러지가 발생하게 된다. 이것의 처리처분이 적절하지 못하여 자연환경이 오염되도록 한다면 배수처리의 의미가 없는 것이다.

슬러지는 하수처리 과정에서 발생하는 액상 부유물질의 총칭으로 하수슬러지를 좁은 의미로는 1차 슬러지, 잉여슬러지, 반송슬러지, 농축슬러지 및 소화 슬러지 등이라 하고, 넓은 의미로는 침사, 스크린 협잡물 및 스컴(scum)도 포함된다. 슬지러지 처리 방법은 일반적으로 슬러지 농축-소화-개량-탈수-소각-최종처분 과정으로 처리된다. 폐수처리 과정 중이나 폐수처리 후에 생기는 침전슬러지는 대부분 유기물 함유량이 많기 때문에 그대로 방치하면 부패하여 악취가 발생할 뿐만 아니라 하루살이, 모기 등 독충을 생기게 하며, 썩은 물이 지하에 스며들어 지하수를 오염하게 되고 전염병이 발생할 우려가 매우 높다. 이와 강은 이유로 슬러지는 무기성이건 유기성이건 빨리 처리해야 되며, 슬러지 처리는 폐수처리와 더불어 매우 중요하다.

3.3.1 슬러지 처리의 목적

슬러지 처리의 목적(목표)를 정리하면 다음과 같다.

(1) 슬러지 처분량을 적게 하는 부피의 감량화
(2) 병원균을 제거한 위생적인 안정화
(3) 슬러지 중의 유기물을 무기물로 바꾸는 생화학적 안정화
(4) 악취 및 부패의 감소·제거

3.3.2 슬러지 처리계통

슬러지의 전처리 방법으로 슬러지, 분뇨, 쓰레기 등의 파쇄를 들 수 있는데 이들은 처리공정시 기계 증의 파손방지, 처리시 체적감소, 소각시에 완전연소할 수 있도록 절단, 압축, 파쇄 등을 한다.

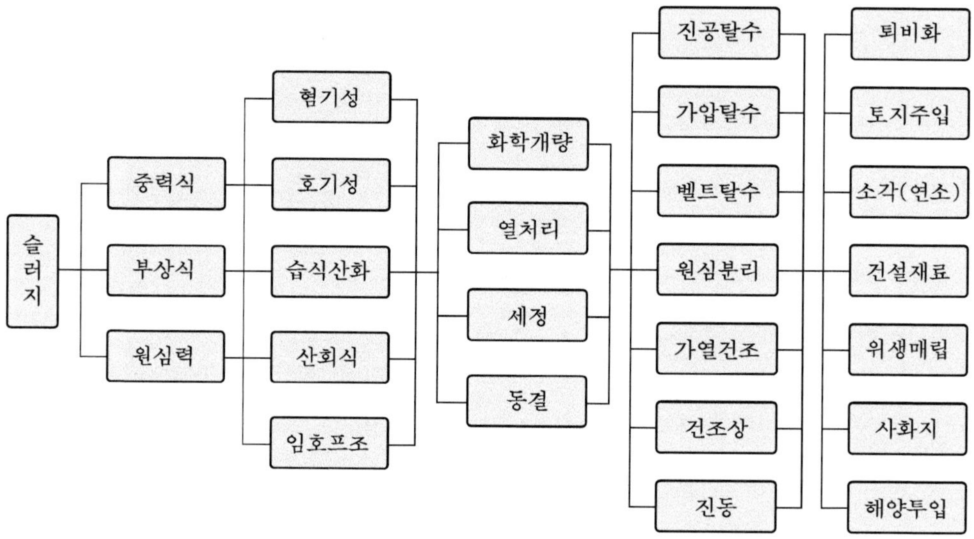

전처리 → 농축 → 소화 → 개량 → 탈수 및 건조 → 소각 → 최종처분

그림 3.13 슬러지 처리 계통도

슬러지의 종류는 다음과 같다.

(1) 1차 슬러지

1차 참전지에서 발생한 찌꺼기를 말하며, 쉽게 농축되고 SS회수율이 높다.

(2) 2차 슬러지

① 활성슬러지

갈색을 나타내며, 악취는 거의 없고, 부패하기 어려우나 부패하기 시작하면 악취가 난다.

② 살수여상슬러지

갈색을 나타내며 냄새는 거의 없다.

③ 소화슬러지

짙은 갈색이나 검은색을 나타내며, 대량의 가스를 함유한다.

(3) 화학적 슬러지

화학약품을 주입하면 슬러지 생산량이 증가하는데. 그 증가량은 약품의 종류와 사용량, 폐수의 성질에 따라 다르다.

3.3.3 계획 슬러지양

(1) 계획 슬러지양은 계획 1일 최대오수량을 기준하여 하수처리장의 부유물질 제거 효율과 유기물의 고형물질로의 전환, 슬러지 함수율 등을 고려하여 산정한다.

(2) 슬러지 함수율과 고형물 함량 관계는 다음과 같다.

즉, 고형물 함량 = 100 − 함수율(%)

(3) 슬러지 함수율과 부피와의 관계는 다음과 같다.

$$\frac{V_2}{V_1} = \frac{100 - W_1}{100 - W_2} \text{에서}$$

$$V_2(100 - W_2) = V_1(100 - W_1)$$

여기서, V_1 : 수분 W_1%일 때의 슬러지 부피

V_2 : 수분 W_2%일 때의 슬러지 부피

실무예제 3.12

여주시 하수종말처리장에서 발생한 슬러지는 그 처리처분을 간편하게 하기 위해서 농축 처리한다. 수분 98%인 슬러지 30m^{3}을 농축하여 수분 94%로 했을 때의 슬러지양은 얼마나 되겠는가?

풀이

$V_2(100-94) = 30(100-98)$ 에서 $\therefore V_2 = 10\ m^3$

실무예제 3.13

여주시 하수종말처리장에서 발생한 함수율이 99%인 슬러지 1200m^3/day를 탈수하여 300m^3/day의 농축 슬러지를 얻었을 때 농축 슬러지의 함수율은?

풀이

$300(100-W_2)=1,200(100-99)$ 에서 $\therefore\ W_2=96\,\%$

실무예제 3.14

여주시 하수종말처리장에서 발생한 5%의 고형물을 함유하는 3,200l 의 일차슬러지를 고형물의 농도가 8%되게 농축시키면 농축된 슬러지의 부피는? (단, 슬러지의 비중은 1.0으로 가정)

풀이

$V_2(100-92)=3,200(100-95)$ 에서 $\therefore\ V_2=2,000l$

실무예제 3.15

여주시 하수종말처리장에서 발생한 함수율 98%인 슬러지를 농축하여 함수율 95%로 낮추었다. 이때 슬러지의 부피 감소율은?

풀이

$$\frac{V_2}{V_1}=\frac{100-W_1}{100-W_2}=\frac{100-98}{100-95}\ \text{에서}\ V_2=0.4V_1$$

$$\text{부피감소율}=\frac{V_1-V_2}{V_1}\times 100=\frac{V_1-0.4V_1}{V_1}\times 100=60\,\%$$

실무예제 3.16

여주시 하수종말처리장 슬러지 농축조에서 함수율 99%인 생 슬러지를 투입하여 함수율 96%의 농축 슬러지를 얻었다. 농축 후의 슬러지양은? (단, 처음의 슬러지양을 V로 가정한다.)

풀이

$$\frac{V_2}{V_1}=\frac{100-W_1}{100-W_2}=\frac{100-99}{100-96}\ \text{에서}$$

$\therefore\ V_2=\frac{1}{4}V_1$이다.

(4) 슬러지 유량과 중량 관계

① 고형물 중량은 다음과 같이 산정한다.

$$M = C \times 10^{-3} \times Q$$

여기서, M : 고형물 중량 (kg/d)

Q : 액체의 처리수량(m^3/d)

C : 제거된 부유물 농도(mg/l)

② 슬러지 유량은 다음과 같다.

$$Q = \frac{M}{S_s \cdot P_x}$$

여기서, Q : 슬러지 유량(m^3/d)

S_s : 슬러지 비중

P_x : 고형물(TS) 함량(백분비)

3.3.4 슬러지 농축

농축은 슬러지의 체적을 감소시켜 후속처리의 시설비와 운전비를 절감시킨다.

(1) 농축

① 슬러지 부피를 감소시켜 후속 공정의 규모를 줄이고 처리효율을 향상시키기 위한 목적으로 농축을 한다.

② 최초 침전지에서 발생하는 슬러지는 농축과정을 생략하고 바로 소화과정으로 이송한다.

(2) 농축 방법 및 시설

① 중력식 농축조

㉮ 조내에 오니를 체류시켜 중력에 의한 자연침강 및 압밀을 이용한 방법으로 저장과 농축이 동시에 이루어져 장치의 구조가 간단하고 약품주입이 불필요하다.

㉯ 형상 : 원형, 직사각형

㉰ 유효수심 : 3~4m

㉱ 용량 : 계획 슬러지양의 18시간분 이하

㈑ 고형물 부하 :25～70 kg/m²/d를 기준으로 하며 슬러지 특성에 따라 변경된다.

② 부상식 농축조(가압부상농축, 상압부상농축)

㉮ 공기방울(기포)을 투입시켜 수면의 입자와 결합한 후 부력에 의하여 고형물을 부상시키는 방법으로 계절변화의 영향을 받아 안정적인 운전이 어려워 겨울에 비하여 여름에 농축이 어렵다. 또한 중력식 농축에서 농축성이 나쁜 잉여슬러지 등을 대상으로 처리하는 경우가 많다.

㉯ 형상 : 원형, 직사각형

㉰ 고형물 부하 :80～150 kg/m²/d

㉱ 종류

- 가압부상농축
- 상압부상농축

③ 원심분리식 농축조

㉮ 원심분리기를 사용, 원심력을 이용하여 슬러지를 강제적으로 고액 분리하는 방법이다.

표 3.11 중력식 및 원심분리식 농축조

중력식 농축조	고형물부하(kg/m²·d) 1차 슬러지 잉여 슬러지 살수여상 슬러지	 100~150 20~40 40~50
	유효수심	3~4m
	체류시간(용량)	18hr
	지 형상	원형, 장방형
	바닥구배	슬러지 스크레이퍼 有 : 5/100 이상 슬러지 스크레이퍼 無 : 60° 이상
	지수	2지 이상
	투입슬러지 함수율	1차 슬러지 : 94.5~97.5% 잉여 슬러지 : 98.8~99.5% 혼합 슬러지 : 95.2~97.4%
원심분리식 농축조	농축기 형식	횡형
	설치대수	2대 이상
	농축슬러지 함수율	96% 정도
	고형물 회수율	85~95% 정도

3.3.5 슬러지 소화

슬러지의 소화(sludge digestion)는 슬러지의 양을 감소시키며, 슬러지의 탈수성과 건조성이 높아질 수 있도록 하는 것으로 이용하는 미생물에 따라 공기의 공급이 요구되는 호기성 방법과 공기가 불필요한 혐기성 방법이 있다. 그리고 소화조에서는 분해 역할을 하는 1차 소화조와 침전지의 역할을 하는 2차 소화조로 구성된다.

(1) 개요

① 슬러지 탈수 및 최종처분을 용이하게 하기 위하여 미생물을 이용하여 슬러지내 유기물을 분해하여 부패성을 감소시키고 병원균 등을 사멸시켜 위생적으로 안전하게 만드는 슬러지 안정화 방식인 생물학적 방법이다.

② 유기물이 분해되어 무기물화가 되면 슬러지 무게와 부피가 감소한다.

(2) 호기성 소화

① 호기성 및 임의성 미생물이 산소를 이용하여 분해가능한 유기물과 세포질을 분해시켜 무기물화 하는 방식으로 운전이 용이하며 반응이 빠르고 상징수의 수질이 양호하므로 생물의 에너지 효율이 높으나 소화슬러지의 탈수가 불량하다.

(3) 혐기성 소화

① 유기물이 혐기성 세균의 활동에 의해 무기물로 분해되어 안정화 하는 방식으로 슬러지 무게와 부피가 감소되며 메탄(CH_4)과 같은 유용한 가스(가치있는 부산물)를 얻는다.

② 1단계인 유기산 생성단계와 2단계인 메탄 생성단계로 구성되는 2단계 소화방식이다.

③ 2차 단계에서 소화가스 발생량은 메탄(CH_4)이 2/3, CO_2가 1/3의 비율로 생성되며 기타 H_2S, NH_3, SO_2(가장 적게 발생) 등이 생성된다.

④ 온도와 pH, 체류시간의 영향을 쉽게 받고 독성물질에 약하다.

⑤ 유입유량과 수질의 변동에 영향을 크게 받는다.

⑥ 유기물 농도가 높아야 하며 특히, 단백질이나 지방의 농도가 높아야 한다.

⑦ 슬러지 발생량이 적다.

⑧ 실온에서는 반응(분해)속도가 매우 느리고 생물의 에너지 효율이 낮다.

⑨ 영양소가 호기성 처리보다 작게 소요된다.

⑩ 높은 온도를 필요로 한다.
⑪ 소화조에 pH를 높이기 위해 석회(lime)를 주입한다.
⑫ 소화조의 작동이 정상인지 알아보는 방법은 다음과 같다.
㉮ 주입된 슬러지 양에 대한 gas의 1일 발생량 확인
㉯ 소화 gas 내의 CO_2가 차지하는 비율 확인
㉰ 소화중인 슬러지의 휘발성산 함유도 확인

(4) 호기성과 혐기성 슬러지 소화방법의 특성은 다음의 표와 같다.

표 3.12 호기성 및 혐기성 슬러지 소화

호 기 성	혐 기 성
동력이 소요된다.	동력시설 없이 연속처리가 가능하다.
상징수의 수질이 양호하다	상징수의 BOD 농도가 높다.
냄새가 없는 슬러지를 얻을 수 있다	냄새가 많이 난다.
비료 가치가 크다.	운전조건에 적응하는 시간이 길다.
병원균의 사멸률이 낮다.	병원균의 사멸률이 높다.
악취발생이 감소한다.	
소화슬러지의 탈수가 불량하다.	소화슬러지의 탈수가 유리하다.
2차 슬러지에 적용하는 것이 가능하다.	1차 슬러지에 보다 적합하다.
질소가 산화되어 NO_2로 방출된다.	질소가 NH_3-N으로 방출된다.
최초 시설비가 적게 든다.	최초 시설비가 많이 든다.
동력비 및 유지관리비가 많이 소요된다.	동력비 및 유지관리비가 적게 소요된다.
소규모 활성 슬러지에 좋다.	대규모에 적용이 유리하다.

한편, 임호프 탱크(Imhoff Tank)는 부유물의 침전과 침전물의 혐기성 소화가 하나의 탱크 내에서 이루어지는 처리시설로 임호프 탱크는 2개의 층으로 구성되어 있어 상부에서 침전이 진행되고 하부에서는 슬러지의 혐기성 소화가 이루어진다. 임호프조(Imhoff tank)와 부패조(septic tank)는 부유물의 침전과 침전물의 혐기성 소화가 한 조내에서 이루어지는 폐수처리시설로서, 물리적 방법과 생물학적 방법을 동시에 이용하는 폐수처리방법의 일종이다. 임호프조는 2개층으로 되어 있어서 상층에서는 침전이 진행되고, 하층에서는 슬러지의 혐기성 소화가 이루어진다. 그러나 조의 상부와 하부사이에 개방된 구멍이 있어 완전히 폐수로 채워진다. 하층과 상층 사이의 전향벽에 의해서 부유물은 하부로 침전할 수 있으나. 슬러지 소화시에 생기는 가스는 바로 솟아오를 수없고 스컴실을 통하여 공기 중으로 방출

한다. 임호프조를 구성하는 각 실은 다음과 같다.

(1) 침전실

체류시간은 임호프조의 유출수가 연속하여 어떻게 처리를 받느냐에 따라 다르지만 대체로 2~3시간이다. 조에서의 유속은 0.3m/min. 이하가 되어야 하며, 표면침전율은 20~35 $m^3/m^2 \cdot d$정도가 적당하다.

(2) 소화실

슬러지를 6~12개월정도 저장할 수 있어야 하며, 기후가 따뜻한 지방에서는 더 짧은 기간이 요구된다. 인구 1인당 68~100ℓ 의 부피가 요구되며, 이용 가능한 용적은 침전실 바닥면의 하단에서 하부 15cm이하의 용적이다. 바닥은 몇 개의 슬저지 저장조(hopper)로 구분하고, 경사는 수평과 수직의 비율이 2 : 1이다.

(3) 스컴실(scum chamder)

소화실 부피의 1/2정도로 하고, 대기에 노출된 표면은 소화실평면의 25~30% 정도가 되어야 하며, 빈 조일 때는 사람이 출입할 수 있도록 폭이 45cm 정도가 되어야 한다. 슬러지는 완전히 부패해서 90~95%의 수분을 함유함으로써 부패조나 보통 침전지에서 생기는 슬러지보다 탈수가 잘 되며, 스컴실에서 떠오른 스컴을 자주 제거하지 않으면 스컴이 건조하거나 동결하여 가스의 방출을 방지하고 가스가 슬러지와 함께 침전실로 솟아오르므로 주의하여야 한다.

(4) 부패조

부패조는 주로 콘크리트조이며 뚜껑이 있는데, 여기에 유기성 폐수가 유입하여 보통 26시간 정도 저류되고 저류동안에 침전성 고형물은 침전하고 이어서 혐기성 소화가 진행된다. 침전슬러지의 소화에 의하여 가스가 생기고 스컴이 수면에 떠오르므로 유출구 앞에 저류벽을 두어서 스컴이 유출수와 함께 흘러나가는 것을 방지해야함과 동시에 유입단에도 저류벽을 설치해서 솟아오르는 가스에 의해서 슬러지가 교란되는 것을 방지한다. 유출수는 미세한 부유물을 많이 함유하고 악취를 내며 색이 검을 뿐만 아니라 BOD가 매우 높다.

3.3.6 슬러지 개량

슬러지 개량(sludge conditioning)은 소화공정을 거친 슬러지를 탈수하기 전에 탈수효율을 높이기 위하여 실시하는 전처리로서 슬러지 세정, 열처리, 동결 등의 물리적인 방법과 응집제를 사용하는 화학적인 방법이 있다. 슬러지를 개량시키면 슬러지의 물리적 및 화학적 특성이 바뀌면서 탈수가 잘되며, 슬러지를 열처리하면 탈수 후의 함수율을 더 감소시킬 수 있다.

(1) 슬러지 개량은 후속되는 탈수공정을 용이하게 할 목적으로 실시한다.

(2) 종류

① 세척(elutiration)

슬러지의 세척(sludge elutriation)은 소화된 슬러지에 세정수를 첨가하여 알칼리도를 희석시키고 고형물을 분리하여 농축시키는 단위공정이다. 슬러지 기계탈수시 필요한 응집제의 양은 슬러지의 알칼리도가 높을수록 증가하므로 알칼리도 저하를 목적으로 슬러지 중의 고형물을 세정시킨다. 슬러지를 세정시키면 슬러지 내의 가스방울을 없애주므로 부력을 감소시켜서 슬러지가 잘 농축된다.

㉮ 소화 슬러지의 알칼리도 감소로 슬러지 개량 시 약품 요구량 절감

㉯ 비료 가치가 낮아진다.

② 약품처리(chemical conditioning)

약품처리(chemical conditioning)는 슬러지의 탈수 특성을 개선하여 후속의 진공여과나 원심 분리에 의한 탈수가 개선되도록 하기 위해서 실시하는데, 약품첨가는 슬러지 중의 미립자를 결합하여 응결물을 형성시켜 고체와 액체의 분리를 쉽게 하여 탈수성을 향상시키기 위한 방법이다. 응집제로는 무기응집제의 황산알루미늄, 염화 제2철, 황산 제1철, 황산 제2철, PAC, 소석회가 있으며, 유기응집제로 고분자응집제가 있는데 주로 염화 제2철과 황산 제1철에 소석회를 병용하는 방법이 많이 쓰인다.

㉮ 응집제 사용으로 탈수성 증가

㉯ 응집제로는 Alum(명반), 철염, 고분자 응집제 사용

③ 열처리

㉮ 슬러지를 140℃ 까지 가열한 후 냉각

㉯ 20℃까지 동력 후 융해

㉰ 세포내 수분 분리로 탈수성 증가

열처리법은 단백질, 탄수화물, 유지, 섬유류등을 포함한 친수성 콜로이드로 형성된 하수 슬러지를 130℃ 이상으로 열처리하면 세포막의 파괴 및 유기물의 구조변경이 발생하여 탈수성을 높이는 방법이다. 슬러지의 열처리는 슬러지를 130~210℃에서 30~60 분간 가열해 슬러지 중의 콜로이드 또는 겔(gel)상태의 물질을 변화시켜 농축성을 높이면서 탈수성이 좋은 슬러지를 만드는 방법으로, 약품을 첨가하지 않고 함수율이 낮은 탈수케이크를 얻을 수 있다. 열처리법은 온도변화에 의한 콜로이드의 응집, 세포막의 파괴에 따른 세포 내의 수분이 분리되는 원리를 이용한 것으로서 슬러지를 고온처리하면 상등수의 수질이 나빠지고 가열 중에 악취가 나며, 단백질이 용해되어 탈수여액의 BOD가 높아지는 단점이 있다. 열처리의 장점 및 단점은 다음과 같다.

① 케이크 내의 고형물질 함량을 30 ~ 50%(폐활성슬러지 제외)가량 얻을 수 있다.

② 약품소요가 없고 슬러지를 살균시킬 수 있다.

③ 초기 시설비가 고가이다.

④ 슬러지의 낮은 pH(4~5)로 인한 부식작용 및 냄새가 발생할 수 있다.

⑤ 열교환기에 스케일이 형성되어 운전이 어렵다.

3.3.7 슬러지 탈수

농축, 소화, 개량된 슬러지는 함수율 90% 이상의 수분을 함유하고 있기 때문에 유동성이 강하며 용적이 크다. 그러므로 슬러지를 최종처분하기 전에 함수율을 85%이하로 감소시켜 부피를 감소시키고 취급이 용이하도록 만들기 위해서 탈수를 한다. 탈수에는 자연적방법으로 슬러지 건조상, 슬러지 라군이 있으며, 기계적 방법으로 진공여과법(벨트여과형, 드럼여과형), 원심탈수법, 가압탈수법이 있다. 탈수성은 가압탈수법(함수율 70%), 벨트프레스(함수율 75%), 진공여과법(함수율 80%), 원심탈수법(함수율 85%)를 나타낸다.

(1) 슬러지 탈수는 슬러지의 부피를 감소시키고, 취급이 용이하도록 만들 목적으로 슬러지 함수율을 감소시키기 위해 실시한다.

(2) 슬러지 탈수의 종류는 다음의 표와 같다.

표 3.13 슬러지 탈수 방법

항 목	진공여과법	가압여과법	원심탈수법
함수율	72~80%	55~70%	75~80%
소요면적	많다.	많다.	적다.
여포세척 소요수량 (세척압력)	많다. ($2\sim3kg/cm^2$)	보통 ($6\sim8kg/cm^2$)	적다.
특징	· 슬러지 종류에 무관하게 탈수 가능 · 고형물의 회수율이 높음 · 탈수후 슬러지 케이크에 수분이 많다. · 유지·운전비가 비싸다.	· 저압에서 운전하기 때문에 운전에 무리가 적다. · 연속운전이 안된다. · 인건비가 많이 소요된다.	· 시설비가 진공여과보다 저렴하다. · 슬러지 개량이 불필요한 경우가 대부분임 · 진공여과보다 고형물의 회수율이 적다.

3.3.8 슬러지 소각

슬러지 소각은 고온으로 슬러지의 수분을 제거시키는 것으로 유기물을 산화시켜 가스화하는 방법이다. 슬러지의 소각은 탈수된 슬러지를 유익하게 사용할 수 없거나 매립처분이 제한 될 때에는 소각처분하게 된다. 소각은 슬러지 케이크가 모두 재가 되고, 병원균을 포함한 미생물은 모두 사멸되므로 가장 효력이 크고 위생적인 최종처분이나 비용이 많이 들며 연기에 의한 대기오염과 재, 냄새 등을 주의해야 한다. 슬러지 소각의 특징은 다음과 같다.

① 슬러지 처리 방법 중 가장 위생적이고 안전한 방법이다.
② 비용이 많이 든다.
③ 부패성이 없다.
④ 타처리 방법에 비하여 소요부지 면적이 작다.

슬러지의 소각 방법으로는 다단로, flash drying, 유동층 연소, atomized spray, 습식연소가 있다.

소각로의 종류 및 특성은 다음과 같다.

(1) 회전식 소각로

회전식 소각로는 길이가 긴 원통이 횡형으로 설치되어 원통 본체의 회전속도 2.5~3rpm의 회전에 의하여 원통 내부에 설치된 고정 베인이 상부로부터 투입된 슬러지를 하부로 이송시킴과 동시에 하부로부터는 연소된 고온의 가스가 상부로 흘러 슬러지와 고온의 가스가 접촉됨으로써 소각된다.

(2) 다단층 소각로

다단층 소각로는 내부에 2~18단의 원판이 상·하로 설치되어 상부로부터 건조대, 연소대, 냉각대의 3부분으로 구성되어 있다. 0.5~3rpm으로 중앙의 수직 기계축이 회전함에 따라 기계축에 연결된 교반대가 회전하면서 주입된 슬러지와 폐기물을 분쇄시키며 하부로 가면서 소각시킨다.

(3) 유동층 소각로

유동층 소각로는 2.7~7.6m 지름의 원통형 소각로로서 연소실 저부에는 3~5 psi의 압력을 갖는 공기분사공이 있으며, 이 곳으로 열풍이 분사되어 약 0.8m 깊이의 사층을 유동시켜 투입된 슬러지와 양호한 접촉과 혼합이 이루어지므로 투입물의 건조, 접축반응, 열교환이 일어남과 동시에 인화 연소된다. 연소온도는 슬러지의 종류에 따라 다르나 보통 800~1,000℃로서 760℃ 이상이 되면 냄새의 발생을 방지할 수 있다.

(4) 선회기류식 소각로

선회기류식 소각로는 고온으로 예열시킨 공기를 원통형 소각실의 접선방향으로 고속으로 불어넣어 선회기류를 형성시킴으로써 소각로내 온도분포를 균일하게 슬러지와 연소용 공기와의 접촉을 양호하게 한 형식이다.

(5) 분사식 소각로

분사식 소각로는 슬러지를 농축(4.5~11%)시킨 액상 폐기물을 반응탑 내에서 분사노즐을 이용하여 고압으로 분사시켜 미립자로 한 후 고온, 저압의 연소실에서 증발, 건조, 열분해의 과정을 거쳐 연소되는 형식으로 소각로내 압력은 1~3.1kg/cm^{2}정도이다.

(6) 습식 산화

습식 산화(습식 연소법)는 수중에 용해 또는 현탁되어 있는 슬러지를 용액 또는 현탁액 상태로 공기와 함께 고압반응기 중에 압입, 가열하여 공기 산화시키는 형식이다. 조작조건은 압력 70~140kg/cm^2, 온도 210~260℃정도이며, 교반조식 반응기를 사용할 경우에 있어서 조작조건은 40kg/cm^2, 온도 240℃정도이면 된다. 보조연료 없이 연소시킬 수 있는 슬러지 농도는 4~6%정도이다.

3.3.9 슬러지의 최종처분

슬러지의 처분(sludge disposal)이란 생슬러지를 농축·소화·탈수·건조 등의 공정을 경유해서 최종적으로 처분하는 것이다. 공공하수도가 정비됨에 따라 하수처리장에서 발생하는 슬러지량은 증가하게 된다. 그러므로 주로사 용되고 있는 매립처분도 최상의 방법은 아니며, 종래에 일부 상용하던 토양개량재로서의 농지환원이나 소각 고형화로부터 토목재료로서의 재이용 등이 적극 연구되고 있으나 아직 많은 문제점이 있다. 슬러지의 처분에는 다음과 같은 방법이 있다.

① 토지산포법

소화된 슬러지를 토지개량제나 비료로 사용될 수 있도록 농지에 살포하는 방식이다.

② 늪처리법

제방을 가진 연못에 생슬러지나 소화된 슬러지를 채워둠으로써 혐기성 혹은 호기성 작용에 의해 처리하는 방식이다.

③ 투기법

소화된 슬러지, 모래의 종류인 grit, 재 등을 채석장 같은 곳에 버리는 방법이다.

④ 매립법

광대한 공지가 있는 경우에 가능한 방법으로, 공극률 25% 이상의 토양층에 매립하는 방법이다.

⑤ 해양투기법

소화된 오니를 해양에 버리는 방법이다.

⑥ 퇴비화공법

전조정은 호기성 미생물에 의한 발효에 여러 좋은 조건의 환경을 형성하기 때문에 pH, 수분조정, 통기성 개량 및 미생물의 접종을 실시함과 동시에 원료의 조정을 하는

데, pH는 중성 부근, 수분은 50~60%가 적당하다. 탈수케이크는 함수율이 높고 점성도 크므로 볏짚, 톱밥 등의 첨가물을 사용하여 통기성의 개선을 행할 필요가 있다.

(1) 슬러지의 매립 방법

① 도랑식(trench) : 매립지에 도랑을 약 2.7~7m정도의 깊이로 파고, 폐기물을 그곳에 매립시킨 후에 다지고 복토하는 방법이다.

② 경사식(slope) : 구릉지와 같은 경사면에 폐기물을 쌓은 후 다지고 그 위에 복토하는 방법이다.

③ 지역식(area) : 경사식과 유사한 방법으로 구릉지 등에 폐기물을 살포시키고 다진 후 복토하는 방법이다.

(2) 폰드(pond)식 매립 방법

① 매립지형 및 지반의 성상을 명확히 알 수 있어 토지이용계획에 알맞는 매립이 가능하다.

② 시공비용이 매우 적고 시공이 용이하다.

③ 다른 매립공법은 전지역을 동시에 완료시켜야 하는데, 폰드식은 각 폰드별로 순차적으로 매립하므로 사용목적에 대응이 가능하다.

④ 제방공사와 동시에 매립을 실시할 수 있다.

(3) 매립 작업

① 다짐작업 : 다짐작업은 지반의 침하를 방지하여 폐기물 매립시 사용되는 장비운전을 용이하게 한다.

② 복토작업

㉮ 매일복토 : 폐기물이 흩날리거나 악취가 발산하는 것을 방지하고 파리, 모기 등의 발생과 화재예방을 목적으로 하며, 복토의 두께는 15cm이상으로 한다.

㉯ 중간복토 : 폐기물의 화재예방 및 운반차량의 도로로 이용할 수 있도록 하며, 복토의 두께는 30 cm이상으로 한다.

㉰ 최종복토 : 복토의 재료로는 모래, 점토, 연탄재, 실트, 일반 흙 등이 있고, 복토의 두께는 60cm이상으로 한다.

(4) 침출수

침출수란 쓰레기 퇴적장이나 매립지에서 스며 나오는 누출수로 지하수 오염의 원인이 된다. 침출수의 성질은 가스가 많이 발생할수록, 즉 염기성 분해가 잘 일어날수록 침출수의 유기물질 농도는 저하되며, 가스가 발생하지 않을수록 산의 형성과정에 의해 침출수의 농도는 증가한다.

(5) 슬러지의 기타 처리

① 임호프조 : 침전실, 소화실, 스컴실로 구성되어 있으며 소규모 처리장에 사용된다.
② 어지법(fish pond) : 물의 자정작용을 이용해서 세균의 작용으로 고분자 단백질과 탄수화물이 분해되어 조류나 균류의 영양이 된다.
③ 슬러지정화탱크 : 분뇨정화탱크는 부패, 산화, 소독탱크로 구성되어 있다.

3.3.10 슬러지 처리 공정에 따르는 잉여슬러지의 부피 감소 산정 사례

최초침전지 및 최종침전지로부터 발생하는 슬러지는 용적이 클 뿐만 아니라 유기물을 다량으로 함유하고 있어서 방치하면 부패해서 악취를 풍기게 된다. 만약 이를 처리하지 않은 상태로 매립 혹은 수역에 투기하면 환경은 파괴되어 위생적으로 해롭게 된다. 그러므로 최종처분을 하기 전에 처리를 행하여 슬러지체적을 감소시키고 위생적으로 안전화할 필요가 있다. 계획슬러지량은 계획 1일 최대오수량을 기준으로 해서 부유물 농도 및 슬러지의 함수율로부터 산정한다.

(1) BOD 용적부하 : 포기조 1m^{3}당 하루에 가해지는 BOD 무게(kg)

$$\text{BOD 용적부하}(\text{kg BOD/m}^3\cdot\text{d}) = \frac{\text{1일 BOD 유입량(kg/d)}}{\text{포기조 용적}(\text{m}^3)}$$

$$= \frac{\text{BOD 농도}(\text{kg/m}^3)\times\text{유입수량}(\text{m}^3\text{/d})}{\text{포기조 용적}(\text{m}^3)}$$

$$= \frac{\text{BODQ}}{\text{V}} = \frac{\text{BODQ}}{\text{Q}\cdot\text{t}}$$

(2) 수면적 부하(suface water loading)

침전조의 단위면적당, 단위시간에 부하되는 수량으로서 $m^3/m^2 \cdot d$, $m^3/m^2 \cdot hr$로써 표시한다.

$$\text{수면적부하} = \text{표면적부하}(m^3/m^2 \cdot d) = \frac{\text{유입수량}(m^3/d)}{\text{여상면적}(m^2)} = \frac{Q}{A}$$

(3) 체류시간(detention time)

조의 유효용량을 단위시간당의 유입량으로 나눈 것이다.

(4) 포기시간(aeration time)

포기시간 t는 포기조 용적 V를 유입오수량 Q로 나눈 것이다. 즉, 오수가 어느 정도의 시간으로 포기조에 체류하는가를 나타낸다.

$$t(\text{시간}) = \frac{V(m^3)}{Q(m^3/d)} \times 24$$

$$t(day) = \frac{V(m^3)}{Q(m^3/d)}$$

여기에는 포기조로 반송되어 오는 슬러지량(q)을 고려하여야 한다.

$$t(\text{시간}) = \frac{V(m^3)}{Q+q} \times 24$$

(5) 월류부하(over flow load)

월류부하($m^3/m \cdot d$)란 단위(單位)길이의 월류 위어를 통해 단위시간에 월류되는 처리수량을 말하며, 침전조내의 상등수를 주의를 기울여 월류시켜 침전된 슬러지가 떠오르거나 휘말려 나감을 방지하고 균일한 흐름을 얻기 위해 일정한 값 이하로 정하고 있다. 이 값을 크게 하면 유속이 부분적으로 빠르게 되어 편류가 생겨 슬러지의 유출이 발생하게 된다.

$$\text{월류부하} = \frac{\text{유입수량}}{\text{월류 weir의 길이}} = \frac{Q(m^3/d)}{L(m)}$$

(6) 혼합액(ML ; mixed liquor)

포기조 중의 폐수와 반송슬러지 혼합한 액체를 말한다.

(7) MLSS(mixed liquor suspended solid)

포기조내 혼합액의 활성슬러지, 슬러지부하(MLSS의 BOD 부하)로 1일에 포기조내의 혼합액(폐수+반송슬러지)중의 MLSS 1kg에 대한 BOD 부하량의 kg수를 말한다.

$$\text{슬러지부하(BODkg/MLSS kg·d)} = \frac{\text{BOD 농도} \times \text{폐수의 유입량}}{\text{MLSS의 농도} \times \text{포기조의 용적}}$$

$$= \text{F/M비(food/micro organism)}$$

(8) 슬러지반송(sludge return)

슬러지반송이란 활성슬러지법에 있어서 포기조의 MLSS를 부하조건에 따라 일정하게 유지하기 위하여 침전조에 침전된 슬러지를 포기조로 반송하는 것을 말한다.

$$\text{반송률} = \frac{\text{MLSS(mg/}\ell\text{)} - \text{포기조 유입수 중 부유물(mg/}\ell\text{)}}{\text{반송슬러지농도(mg/}\ell\text{)} - \text{MLSS(mg/}\ell\text{)}} \times 100$$

반송슬러지량은 유입수량과 BOD농도 및 침전슬러지의 농도 등에 의하여 변화하는데 반송슬러지량을 구하는 식은 다음과 같다.

$$\text{반송슬러지량(m}^3\text{/d)} = \text{반송률(\%)} \times \text{포기조 유입수량(m}^3\text{/d)}$$

(9) 부유물질(SS ; suspended sold)

입경 2mm이하로서 물에 용해되지 않는 현탁성의 물질을 부유물질이라 한다.

$$\text{SS 부하(kg-BOD/SS-100kg·d)} = \frac{\text{BOD 농도} \times \text{폐수의 유입량} \times 100}{\text{SS 농도} \times \text{포기조 용적}}$$

(10) 슬러지침전율

슬러지침전율이란 활성슬러지를 30분간 정치시킨 뒤 침전한 활성슬러지량을 그 검수에 대한 백분율로써 표시한 것이다.

(11) 슬러지용량(sludge volume)

포기조의 혼합액 1ℓ를 메스실린더에 30분간 침전시켰을 때 침전된 슬러지의 부피(mℓ)를 말한다.

(12) 슬러지용적지표(sludge volume index)

포기조의 혼합액 1ℓ를 30분간 정치시킨 후 1g의 혼합액 부유물(MLSS)이 차지하는 침전 슬러지 부피(mℓ)를 나타낸 것이다.

$$\text{SVI} = \frac{\text{30분간 침전된 슬러지부피(mg/ℓ)}}{\text{MLSS 농도}} \times 1000$$

(13) 슬러지밀도지표(sludge density index)

포기조 내 혼합액을 30분간 정치한 경우 슬러지침전량 100mℓ 중에 포함되는 부유물량(g수)을 나타내는 것이다.

$$\text{SDI} = \frac{100}{\text{SVI}} = \frac{\text{MLSS(mg/ℓ)}}{\text{SV(mℓ/ℓ)}} = \frac{\text{MLSS(mg/ℓ)}}{\text{SV(\%)} \times 100}$$

$$\text{SDI} = \frac{\text{포기조 혼합액 부유물질 농도 MLSS(g)} \times 100}{\text{포기조 30분 침전 후 슬러지용적(ml)}}$$

슬러지용적지표와 슬러지밀도지표는 포기조를 나온 활성슬러지의 침강성과 팽화(bulking)여부를 검사하기 위한 측정값으로 포기조의 운전상태를 파악할 수 있는 자료가 된다.

(14) 슬러지일령(sludge age)

포기조에서 활성슬러지가 포기를 받는 시간으로서 활성슬러지가 잉여슬러지로서 포기조에 유입해서부터 인발될 대까지의 체류일수 또는 고형물 체류시간을 말한다.

$$\text{슬러지일령(sludge age)} = \frac{V \cdot X}{SS \cdot Q} = \frac{X \cdot t}{SS}$$

여기서, V : 포기조 용적(m^3)

X : 포기조 내의 부유물(MLSS) 농도(mg/ℓ)

SS : 포기조 유입 부유물 농도(mg/d)
Q : 유입수량(m^3/ℓ)
t : 포기시간(d)

(15) 슬러지 체류시간(sludge retention time)

슬러지(고형물) 체류시간은 포기조 내에 미생물이 머무는 시간으로 다음과 같이 산정한다.

$$SRT = \frac{V \cdot X}{Q\omega \cdot X\gamma + (Q - Q\omega)Xe} = \frac{V \cdot X}{Q\omega \cdot X\gamma}$$

여기서, V : 포기조 용적(m^3)
Q : 원폐수의 유량(m^3/d)
Xe : 유출수 내의 SS농도(mg/ℓ)
$X\gamma$: 반송슬러지의 SS농도(mg/ℓ)
X : 포기조 내의 부유물(MLSS) 농도(mg/ℓ)
$Q\omega$: 폐슬러지의 유량(m^3/d)

표 3.14 잉여슬러지 부피 감소 산정

처리공정	조건	부피감소율		비고
		전체[1]	DS[2]	
잉여슬러지	함수율 99%	100 (1)	1	
농축	농축후의 함수율 97%	33 (1/3)	1	농축후의 부피 $\frac{DS}{(100-\text{함수율}) \times \frac{1}{100}} = \frac{1}{0.03} = 33$
소화	VSS 60% 소화율 50% 소화후의 함수율 96%	18 (1/6)	0.7	소화후의 DS = 1.0×0.6×0.5+1.0×0.4 =0.7 소화후의 부피= $\frac{0.7}{0.04} \fallingdotseq 18$
탈수	약품주입율 30% 탈수후의 함수율 78%	4 (1/25)	0.9	탈수후의 DS = 0.7×1.3≒0.9 탈수소화후의 부피= $\frac{0.9}{0.22} \fallingdotseq 4$
소각	외관비중 0.8	0.8 (1/125)	0.6	소각감량분 = 케이크중의 유기성분 = 1.0×0.6×0.5=0.3 소각후의 무게 = 0.9−0.3=0.6 소각후의 부피= $\frac{0.6}{0.8} \fallingdotseq 0.8$

1) 잉여슬러지 전체부피에 대한 부피감소율, ( )는 분수 표시
2) DS : 건조슬러지

핵심용어 및 내용

1. 활성슬러지법

호기성 미생물의 대사작용에 의해 유기물(BOD 성분)을 제거하는 원리를 이용한 방법으로 우리나라 하수처리장에서 가장 많이 이용하고 있는 방법이다.

2. MLSS

포기조 중의 부유물질로서 포기조 내의 미생물

3. BOD 용적부하(kg BOD/m³· d)

$$= \frac{\text{하수의 BOD} \times \text{하수량}}{\text{포기조 용적}(m^3)}$$

$$= \frac{BOD \cdot Q}{V} = \frac{BOD \cdot Q}{Ah} = \frac{BOD}{t}$$

4. F/M비(kg BOD/kg MLVSS · d)

$$= \frac{\text{1일 BOD 유입량}(kg \cdot BOD/d)}{\text{MLVSS량}(kg)}$$

$$= \frac{BOD \cdot Q}{MLVSS \cdot V} = \frac{BOD}{MLVSS \cdot t}$$

5. 슬러지 용적지수(Sludge Volume Index, SVI)

폭기조 혼합액(MLSS) 1L를 30분간 침전시킨 후 1g의 MLSS 가 슬러지로 형성시 차지하는 부피를 단위부피(mL)당으로 나타낸 값을 말하며 침강농축성(슬러지 팽화) 여부를 확인하는 지표가 된다.

$$SVI = \frac{\text{30분간 침전후 슬러지 부피}(ml/l)}{\text{MLSS 농도}(mg/l)} \times 1{,}000$$

6. 슬러지 밀도지수(Sludge Density Index, SDI) :

$$SDI = \frac{100}{SVI}$$

7. 슬러지 팽화현상(Sludge Bulking)의 원인

· 유입수 및 수질의 과도한 변동(과부하)
· 용존산소(DO) 부족
· MLSS 농도의 저하
· 슬러지 배출량의 조절불량
· 유기물의 과도한 부하
· 영양염류(질소, 인)의 부족
· pH값의 저하
· 높은 C/N비

8. 질소, 인의 동시 제거법

A^2/O법(Anaerobic Anoxic Oxic), SBR법, UCT법, 수정 Phostrip법, 수정 Bardenpho법 등

9. 슬러지 처리계통

농축 – 소화 – 개량 – 탈수 – 건조 – 소각 – 최종처분

10. 슬러지 처리의 목적(목표)

① 슬러지 처분량을 적게 하는 부피의 감량화
② 병원균을 제거한 위생적인 안정화
③ 슬러지 중의 유기물을 무기물로 바꾸는 생화학적 안정화
④ 악취 및 부패의 감소·제거

11. 슬러지 함수율과 부피와의 관계

$\frac{V_2}{V_1} = \frac{100 - W_1}{100 - W_2}$ 에서 $V_2(100 - W_2) = V_1(100 - W_1)$

12. 혐기성 소화

① 유기물이 혐기성 세균의 활동에 의해 무기물로 분해되어 안정화 하는 방식으로 슬러지 무게와 부피가 감소되며 메탄(CH_4)과 같은 유용한 가스를 얻는다.
② 1단계인 유기산 생성단계와 2단계인 메탄 생성단계로 구성되는 2단계 소화방식이다.
③ 2차 단계에서 소화가스 발생량은 메탄(CH_4)이 2/3, CO_2가 1/3의 비율로 생성되며 기타 H_2S, NH_3, SO_2(가장 적게 발생) 등이 생성된다.
④ 온도, 부하와 pH의 영향을 쉽게 받고 독성물질에 약하다.
⑤ 유기물 농도가 높아야 하며 특히, 단백질이나 지방의 농도가 높아야 한다.
⑥ 유입유량과 수질의 변동에 영향을 크게 받는다.
⑦ 슬러지 발생량이 적다.
⑧ 반응이 느리고 생물의 에너지 효율이 낮다.
⑨ 영양염류가 호기성 처리보다 적게 소요된다.

되짚어보기

1. 일반적인 하수처리의 절차는?

풀이

일반적인 하수처리의 절차
침사지 - 유량조절조 - 1차(최초)침전지 - 폭기조 - 2차(최종)침전지 - 소독조

2. 하수처리 과정중 3차 처리의 주제거 대상이 되는 것은?

풀이

하수처리 과정중 3차 처리의 주제거 대상이 되는 물질은 영양염류(질소, 인) 이다.

3. 하수 중의 질소와 인을 동시에 제거하기 위해 이용될 수 있는 고도처리시스템은?

풀이

하수중의 질소와 인을 동시에 제거하기 위한 고도의 처리시스템은 A^2/O법(Anaerobic Anoxic Oxic, 혐기무산소 호기 조합법), 수정 Phostrip법, SBR법, UCT법, VIP법, 수정 Bardenpho법 등이 있다.

4. 우리나라 하수종말 처리장에 가장 많이 이용되고 있는 처리방법은?

풀이

활성 슬러지법은 호기성 미생물의 대사작용에 의해서 유기물을 제거하는 원리를 이용하는 방법으로 일반적으로 BOD 제거율이 가장 좋고, 우리나라 하수처리장에 가장 많이 사용되는 방법이다.

5. 하수처리법 중 활성 슬러지법은 어떤 원리를 이용한 것인가?

풀이

활성슬러지법은 호기성 미생물의 대사작용에 의해 유기물(BOD 성분)을 제거하는 원리를 이용한 방법으로 우리나라 하수처리장에서 가장 많이 이용하고 있는 방법이다.

6. 활성슬러지법 중 표준활성슬러지법의 수리학적 체류시간(HTR)은 얼마를 표준으로 하는가?

풀이

표준활성슬러지법의 수리학적 체류시간(HTR)은 6~8시간, 유효수심은 4~6m를 표준으로 한다.

7. 활성슬러지법에서 BOD 용적부하는?

풀이

BOD 용적부하는 포기조 단위용적당 제거되는 BOD량(BOD×하수량)으로 다음과 같이 산정한다.

$$\text{BOD용적부하} = \frac{\text{하수량} \times \text{하수의 BOD}}{\text{포기조 부피}}$$

8. 유입하수 BOD가 600mg/ℓ, 하수량 500 m^3/day를 고속 살수여상으로 BOD 부하 1kg/m^3·day로서 처리하고자 한다. 여상깊이를 2m로 한다면 여상면적은?

풀이

$$\text{BOD 용적부하} = \frac{\text{BOD} \cdot Q}{V} \text{에서}$$

$$1 = \frac{600 \times 10^{-3} \times 500}{A \times 2} \qquad \therefore A = 150m^2$$

9. 어느 도시의 하수는 유량 36,000m^3 /day BOD는 200mg/ℓ, SS는 380mg/ℓ 이다. 최초침전지에서 BOD 및 SS제거율은 30%이고 폭기조의 용량 9,000m^3, MLSS 2,500mg/ℓ 라 할 때 BOD 슬러지 부하는?

풀이

F/M비(= BOD 슬러지 부하)

$$= \frac{200 \times 10^{-3} \times 0.7 \times 36{,}000}{2{,}500 \times 10^{-3} \times 9{,}000} = 0.224$$

10. 표준활성 슬러지법으로 하수를 처리하고 있다. 유입오수량이 2,000m^3/day, 반송슬러지 농도가 10,000mg/ℓ 일 때 포기조의 MLSS를 3,000mg/ℓ로 유지하려면 슬러지 반송유량을 얼마로 하여야 겠는가? (단, 유입수와 유출수의 고형물의 농도(SS)는 무시한다.)

풀이

$$= \frac{\text{MLSS} - \text{유입수SS}}{\text{반송슬러지SS} - \text{MLSS}} \times \text{유입오수량}$$

$$= \frac{3{,}000 - 0}{10{,}000 - 3{,}000} \times 2{,}000 = 857.14m^3/d$$

11. 활성슬러지법의 최종침전지에서 슬러지가 잘 침전되지 않고 부풀어 오르는 현상을 [벌킹(Bulking)]이라고 한다.

12. 활성슬러지 공법에서 슬러지 팽화(bulking)의 원인은?

풀이

슬러지 팽화현상(Sludge Bulking)의 원인

① MLSS 농도의 저하
② 슬러지 배출량의 조절불량
③ 유입수 및 수질의 과도한 변동
④ 영양염류(질소, 인)의 부족(불균형)
⑤ pH값의 저하
⑥ 용존산소(DO)의 부족
⑦ 유기물의 과도한 부하
⑧ 높은 C/N 비

13. 인구가 100,000명인 A도시의 1일 1인당 오수량이 250 ℓ 이다. 하수를 처리하기 위해 유효수심 3m, 침전시간 2시간으로 설계하려면 침전지의 면적은 얼마가 적당한가?

풀이

$V=\frac{Q}{A}=\frac{h}{t}$ 에서

$$\frac{250\times10^{-3}\times100{,}000/24}{A}=\frac{3}{2}\qquad\therefore\ A=694.44\ m^2$$

14. 하수 유입량이 29,000m^3/day, 포기조의 부피 8,500m^3, MLSS가 2,500mg/ℓ 일 때 포기시간은 얼마인가?

풀이

$$t=\frac{V}{Q}=\frac{8{,}500}{29{,}000/24}=7.03hr$$

15. 하수 처리장의 1차 처리시설인 침전지에서 BOD 부하의 30%가 처리되고 2차 처리시설에서 BOD 부하의 90%가 처리된다면 전체 BOD 제거율은?

풀이

1차 : 제거된 BOD=1×0.3=0.3 Output BOD= 0.7(=1−0.3)

2차 : 제거된 BOD= 0.7×0.9 = 0.63

∴ BOD 제거율= 0.3 + 0.63 = 0.93

16. 인구 1인당 생활오수의 BOD 오염부하 원단위를 50g/인·일이라 할 때 인구 10만 도시의 하수 처리장에 유입되는 BOD 부하는 얼마인가?

풀이

BOD 부하 = 원단위×인구수

$= 50\times10^{-3}\times100{,}000 = 5{,}000kg/d$

17. 하수 침사지의 체류시간은 (30～60초)가 적당하다.

18. 이차침전지의 계획 1일 최대오수량에 대한 표면부하율로 옳은 것은?

풀이

2차(최종) 침전지 설계기준

① 수면 여유고 : 40~60cm

② 수면적 부하 : $20 \sim 30\ m^3/m^2$ 일

③ 유효수심 : 2.5~4m

④ 장폭비 : 3:1~5:1

⑤ 침전시간 : 3~5hr

⑥ 고형물 부하 : $95 \sim 145\ kg/m^2\ d$

19. 슬러지 처리의 계통도를 순서대로 나열한 것으로 다음 중 가장 적합한 것은?

풀이

농축 – 소화 – 개량 – 탈수 – 최종처분

20. 평균 3%의 고형물을 함유하는 슬러지 중 1일 $80m^3$ 씩 처리하는 하수처리장에서 슬러지 개량공정의 개선으로 고형물의 농도를 4%로 향상시켰다면 처리되는 슬러지양은 얼마인가?

풀이

$V_2(100-W_2) = V_1(100-W_1)$ 에서

$V_2(100-96) = 80(100-97)$ 이므로

$\therefore V_2 = 60m^3$

21. 슬러지의 중량(건조 무게)이 3000kg이고, 비중이 1.05, 수분함량이 96%인 슬러지의 용적은?

풀이

$\omega = \dfrac{W}{V}$ 에서

$1.05\,t/m^3 = \dfrac{3t}{(1-0.96)V}$

$\therefore\ V = 71.43\ m^3$

22. 혐기성 소화에 의한 슬러지 처리법에서 발생되는 가스성분 중 가장 많이 차지하는 것은 (메탄가스)이다.

CHAPTER 4

펌프장 시설

CHAPTER 4

펌프장 시설

4.1 펌프장 시설

· TIP

상수 펌프장의 계획유량, 펌프의 종류, 선정방법, 펌프의 수리에 관련된 사항이 중요하다. 펌프의 수리에서 전양정, 펌프구경, 펌프의 동력계산, 비교회전도, 펌프특성곡선 등은 완벽하게 정리하여 숙지해야 한다.

4.1.1 펌프장 시설계획

도수 등에 자연유하식으로 하는 것이 경제적이지만 표고 차이가 작거나 정수한 물을 송수 시에는 펌프를 사용한다. 즉, 자연유하로는 수두가 부족할 경우 펌프장이 필요하다. 펌프장(pumping station)의 위치는 그 용도에 가장 적합한 수리 조건, 입지 조건 및 동력 조건을 구비한 곳이라야 하며, 외부로부터 침수되지 않아야 한다. 우수와 합류하수의 잉여분을 하천이나 바다로 배출하는 배수펌프장은 되도록 방류수면에 근접하여 있고, 펌프로부터 직접 또는 단거리 관로로 방류할 수 있는 위치에 있어야 하며, 방류수면의 넓이, 수량, 수질 및 유세가 방류수의 질과 양에 상응한 위치이어야 한다. 자연유하로 수두가 부족할 경우에 설치되는 중계펌프장은 되도록 저지로부터 고지에 양수할 수 있는 지형에 선정한다.

시가지 밀집지역에 펌프장설비를 설계할 때는 방취, 방음, 기타 침사, 스크린(screenings)의 처분을 고려해야 한다. 전력을 사용하는 동력을 위하여 전입선의 인입이 용이해야 한다. 펌프장은 저지에 설치되는 일이 많으므로 펌프실의 방수벽, 맨홀, 펌프 역지변, 공기변, 전기 설비 등에 대하여는 외부로부터 침투하는 물의 침입 또는 범람 등에 의하여 침수되는 일이 없도록 주의해야 한다.

하수도는 자연유하를 원칙으로 하지만 평지에서는 펌프를 사용한다. 즉, 도시의 지세 및 지형에 따라 다음과 같은 경우에 펌프가 필요하다.

① 방류하수의 수위가 방류수면의 수위보다 항상 낮을 경우.
② 종말처리장의 방류구 수면을 방류하는 하천이나 바다의 고수위보다 높게 할 경우.
③ 단위수면이 조수의 영향을 받아 그 저수위가 방류하수의 수위보다 약간 낮은 정도로 1일 중 단시간에 한해서 자연유하가 가능할 경우.
④ 저지대에서 자연유하에 의하면 하류의 굴착깊이가 깊으면 공사비의 증대와 공사에 위험이 따를 경우 중계펌프장을 설치한다.

펌프장의 필요 설비를 열거하면 다음과 같다.

① **펌프설비** : 주펌프, 부속의 관 및 밸브(valve)류 등
② **침사지 및 부속기계** : 침사지, 제사설비, 침사가치장 등
③ **스크린 설비** : 스크린, 소상장치(detritor), 스크리닝 찌꺼기(screenings) 탈수기 등
④ **동력설비** : 모터(motor), 수변전설비, 내연기관, 발전기, 연료탱크, 수조계량, 제어장치 등
⑤ **유입·출구** : 게이트 및 게이트실, 유출·유입 관거, 방호문비 등
⑥ **방재 시설** : 호안, 방화시설 등
⑦ **상옥** : 펌프실, 전기실 등을 포함, 천정주행 크레인 등
⑧ **기타** : 사무실, 휴게실, 공작실, 사택 등

강우 시에 우수의 배제를 목적으로 하는 우수펌프장, 주간 및 야간에 연속적으로 오수를 양수하는 오수펌프장이 있으나, 대체로 기능상 배수펌프장, 처리장 내 펌프장으로 구분된다. 펌프장 설계 계획의 기본적 방향은 다음과 같은 사항을 고려해서 정해야 한다.

① 펌프장의 수는 유지 관리상 가능한 한 적게 한다.
② 펌프장은 침수되지 않는 구조로 한다.
③ 오수펌프는 분류식의 경우는 계획시간 최대오수량, 합류식의 경우는 우천시의 계획오수량을 기준으로 하여 계획한다.
④ 펌프장은 주위 환경조건을 고려해서 그 위치 선정 및 시설계획을 하여야 한다.

(1) 상수도 펌프장의 계획수량과 펌프 설치 대수는 다음의 표와 같다.

표 4.1 상수도 펌프장 계획수량에 따른 펌프 설치 대수

용도	기준수량	수 량	설치 대수
취수 및 도수펌프	계획 1일 최대급수량	2,800m^3/일 이하 2,500m^3/일 이하 9,000m^3/일 이상	2대(예비 1대 포함) 3대(예비 1대 포함) 4대(예비 1대 포함) 이상
배수펌프	계획 시간 최대급수량	125m^3/hr 이하 120~450m^3/hr 400m^3/hr 이상	3대(예비 1대 포함) 대형 2대(예비 1대 포함), 소형 1대 대형 4~6대(예비 1대 포함) 이상, 소형 1대

(2) 하수도 펌프장의 계획하수량과 펌프 설치 대수

하수용 펌프에는 강수가 없는 맑은 날 하수를 연속운전으로 유송하는 오수펌프와 강수시에만 운전하는 우수펌프가 있다. 오수펌프는 운전의 안전성을 고려하고 , 우수펌프는 직접 침수로 연결되는 위험이 있으므로 재해 대책을 고려한다. 처리장 시설로 가는 양수시설은 운전의 연속성과 위생적 관점에서 특히 시설완비에 주의하여야 한다. 그러므로 우수펌프는 관거설계에서 사용한 계획우수량을 대상으로 하며, 관거내 체류는 고려하지 않는 것을 원칙으로 한다. 오수펌프는 분류식의 경우는 계획시간 최대오수량으로 하고, 합류식의 경우는 계획시간 최대오수량에 희석배율(3배)을 곱한 것 이상으로 한다. 그러나 우수펌프에서 최대량과 평상시와는 큰 차이가 있으므로 펌프용량이 필요 이상 커지지 않도록 설계하여야 하는데, 배수구역이 방대한 경우 우수 유출속도의 침사지 및 펌프장의 저류용량과 관거 계통의 저류가능 용량을 고려할 필요가 있으며, 만약 관거 내 체류를 고려하면 펌프용량을 20~30% 감할 수 있다.

오수펌프의 경우, 오수는 항상 관거 내에 정체하지 않고 계획오수량을 배제 할 수 있도록 할 필요가 있으나, 고급처리를 할 때에는 처리수량이 변화하며, 처리작업이 곤란한 경우가 많으므로 어느 정도는 단계적인 운전이 필요하다.

펌프장의 종류를 구분하여 정리하면 다음과 같다.

① 중계펌프장

관거의 매설 깊이가 깊어지는 장소나 장거리 관로의 중간에 설치하여 다음의 펌프장이나 처리장소로 보내는 역할을 하는 것이 중계펌프장이다. 대체로 자연유하의 하수도 계통은 말단으로 갈수록 관거의 매설 깊이가 현저하게 깊어지므로 적당한 지점에서 양수 할 필요가 있고, 역경사 지형의 경우는 펌프압송이 필요하기도 하다.

② 배수펌프장(drainge pump station)

지반이 낮은 지대에서 자연유하로서는 우수를 하천이나 바다로 방류할 수 없을 경우 펌프 양수에 의해 침수 방지 및 재해 대책을 목적으로 한 펌프장이다. 공공하수도에서 배수펌프장의 역할은 매우 중요하고, 배수펌프의 가동이 불충분하거나 구조상의 준비가 부족할 경우 하수의 배제를 저해할 뿐만 아니라 침수 및 환경위생상 재해를 가져오므로, 배수펌프장의 계획, 설계, 시공에 신중을 기해야 하며, 가능한 한 방류수면에 근접한 위치에 설치하는 것이 바람직하다.

③ 처리장내 펌프장

오수를 지상의 처리시설에 송수하는 펌프장이다. 종말처리장에 유입되는 하수의 수위가 대체로 낮고, 이를 자연유하식으로 처리하기 위해서는 상당한 굴착을 하게 되어 공사비가 증가되며, 단순통과(by-pass)에 의해 방류하는 경우에도 양정이 부족하다. 이를 피하기 위해 분류식의 종말처리장이면 오수펌프, 합류식의 경우는 이것 이외에 우천시의 잉여유입수를 단순통과에 의한 방류를 위해 펌프가 필요해진다. 그러므로 처리장내 펌프장에는 중계펌프와 배수펌프를 겸한 기능이 필요하다. 이와 같은 경우 이외에도 종말처리공정에서의 오수나 슬러지(오니)의 반송순환, 압력유송 등을 위해서 반송슬러지펌프와 슬러지펌프(sludge pump) 등이 필요하다.

④ 반송슬러지 펌프장

반송슬러지 펌프란 하수처리과정에서 최종 침전지에 침강한 슬러지를 포기조(aeration tank)로 수송하는 펌프를 말하며, 반송량은 처리하수의 20~25%정도이다. 이 슬러지는 호기성생물의 집락체인 다갈색의 플록(floc)으로 구성되고 있으나 함수율(98%)이 높고 비중도 물과 큰 차이가 없으며, 점성도도 크지 않다. 그러므로 펌프공학적으로는 물과 마찬가지로 취급해도 좋다.

하수배제방식에 따른 계획하수량과 펌프장의 종류는 다음의 표 4.2와 같다.

표 4.2 펌프장의 종류에 따른 계획하수량

하수배제방식	펌프장의 종류	계획 하수량
분류식	중계펌프장, 처리장 내 펌프장	계획 시간 최대오수량
	빗물(배수)펌프장	계획 우수량
합류식	중계펌프장, 오수펌프	우천시 계획 오수량
	빗물(배수)펌프장	계획 오수량 + 우천시 계획 오수량

하수도 시설에 설치되는 펌프 대수는 다음의 표 4.3과 같다.

표 4.3 계획 오수량 및 계획 우수량에 따른 펌프 설치 대수

오수 펌프		우수 펌프	
계획 오수량(m^3/s)	설치대수(대)	계획 우수량(m^3/s)	설치대수(대)
0.5 이하	2~4 (예비 1대 포함)	3 이하	2~3
0.5~1.5	3~5 (예비 1대 포함)	3~5	3~4
1.5 이상	4~6 (예비 1대 포함)	5~10	4~6

※ 침수될 우려가 있는 곳에나 흡입 실양정이 큰 경우에는 입축형 혹은 수중형으로 한다.

한편, 펌프장의 위치 선정은 하수처리장의 위치와 더불어 하수도계획의 기본이 되고, 위치 선정의 결과에 따라 하수도 계획에 큰 영향을 주므로 용도에 적합한 수리 조건, 입지 조건, 동력 조건 등 공학적 조건을 갖추어야 하며, 또한 사회 및 환경적 조건도 고려해야 한다. 최근 시가지의 급속한 발전에 따라 펌프장의 최적 조건에 알맞은 위치의 부지확보가 점차 어려워져가고 있어, 하수도 기본계획이 수립되는 즉시 부지확보에 유의해야 할 것이다. 배수를 중심으로 한 펌프장의 위치 선정은 다음과 같다.

① 방류구에서 방류수면의 배수조건이 좋을 것.
② 하수간선의 연장이 짧을 것.
③ 조속한 사업효과를 얻을 수 있을 것.
④ 주변환경에 나쁜 영향이 없을 것.
⑤ 기타 지질이 양호하고, 지하수위가 낮으며 홍수나 침수의 피해 등이 없는 위치라야 한다.

4.1.2 펌프의 결정 기준

(1) 펌프를 결정하는 기준은 다음과 같다.

① 펌프는 가능한 한 최대 효율점 부근에서 운전할 수 있도록 용량 및 대수를 결정해야 한다.
② 유지관리를 위해 펌프 대수는 줄이고, 여러 대를 설치하는 경우 동일 용량의 것을 사

용한다.

③ 용량이 클수록 효율이 좋으므로 되도록 대용량을 사용한다.

④ 건설비 절감을 위해 예비대수는 가능한 한 적게 설치한다.

⑤ 수량이 적거나 수량 변동이 클 경우 용량이 다른 펌프를 설치하거나 동일용량의 펌프 회전수를 변환할 수 있게 한다.

⑥ 양정의 변화가 심한 곳에서는 유지 관리상의 경제성을 고려하여 고양정 펌프와 저양정펌프로 분할 한다.

⑦ 펌프는 내부에서 막힘이 없고, 부식과 마모가 적으며, 분해하여 청소하기 쉬운 구조로 한다.

4.1.3 펌프장의 종류

(1) 양정에 따른 종류(상수도용 펌프)

① 저양정 펌프장

수원에서 물을 정수장으로 취수하기 위한 수원과 정수장 사이에 위치하는 양수장이다.

② 고양정 펌프장

정수된 물을 소비지로 송수, 배수하기 위한 양수장이다.

③ 가압(증압) 펌프장

송·배수관 내의 수압을 증가시키거나 급증하는 상수 요구량을 충족시키기 위해 또는 고가 저수조에 송수하기 위한 양수장이다.

(2) 용도에 따른 종류(하수도용 펌프)

① 배수(排水) 펌프장

배수구역 내의 우수를 방류지역으로 배제하기 위한 펌프장이다.

② 중계(中繼) 펌프장

유입 구역의 오수를 다음의 펌프장 또는 처리장으로 송수하기 위한 펌프장이다.

③ 처리장내 펌프장

유입하수를 자연유하로 처리해서 하천, 해역 등으로 방류시키기 위해 설치한 펌프장이다.

배수 및 하수 펌프장의 구성은 일반적으로 펌프장은 펌프 설비를 보호하기 위해 하수에 섞인 모래와 자갈을 제거하는 침사지, 부유물질을 제거하기 위한 스크린, 그리고 펌프장과 펌프 시설로 구성되어 있으며 이는 다음과 같이 정리된다.

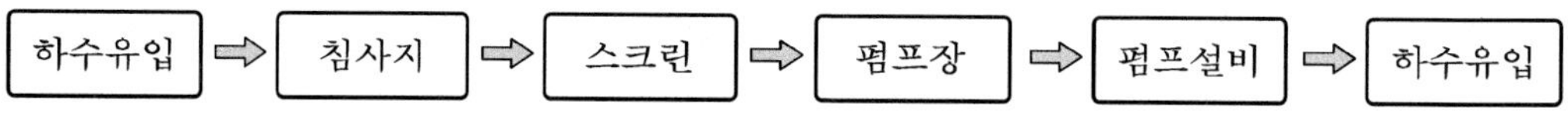

그림 4.1 배수 및 하수 펌프장의 구성

(3) 침사지 및 포기 침사지의 펌프

펌프에서 임펠러의 마모는 효율저하의 가장 큰 원인이 되고, 효율저하는 운전대수의 증가, 전력비의 상승, 생산량 감소 등의 원인이 되기도 하므로 직접 임펠러의 마모를 야기시키는 모래의 유입을 방지하여 취수펌프를 보호해야 한다. 침전지 내에 모래가 유입되어 퇴적하게 되면 침전물 제거기의 부담을 가중시키는데, 침전제거기가 설치되어 있지 않을 경우는 침사지내 유속을 증가시켜 침전효율을 저하시키게 된다. 현재 우리나라의 취수장에는 대부분이 나무 조각, 풀 등과 같은 부유물질의 제거를 위하여 스크린이 설치되어 있으나, 취수펌프 이전에 침사지를 설치한 곳은 거의 없으므로 취수펌프를 보호하여 효율증대를 위해서는 침사지의 설치가 꼭 필요하다. 하수 침사지에 대한 사항은 다음과 같다.

① 침사지 내의 유속이 너무 느리면 하수가 부패하고, 빠르면 토사가 침강하고 않고 유입하므로 0.15~0.30m/s가 적당하다.

② 침사지 내의 체류시간은 30~60초를 표준으로 하고 있다.

③ 저부에 수심의 10~30% 또는 깊이 30cm 이상으로 토사받이를 둔다.

④ 포기침사지 : 침사지 저부의 보급기(diffuser)로부터 공기를 분입하므로 탱크 내에 선회류가 발생하여 무기질의 무거운 입자는 바닥으로 침강하여 깔때기(hopper)에 모이게 한다. 포기침사지는 포기성 상태가 되므로 악취발생이 적고 예비 폭기 효과가 가미되고 수중의 용존산소(DO)가 증대되어 황화수소를 발생시킨다.

⑤ 침사량은 보통하수량 $1000m^3$당 $0.005 \sim 0.02m^3$ 정도이며, 침사지 바닥에 퇴적한 토사는 상당한 양의 유기질이 함유되어 있으므로 방치해 두면 부패해서 악취를 발산하므로 처분한다.

스크린(screen)은 수원지에서 취수하는 원수나 하수는 나뭇잎이나 나뭇가지, 종이조각 등 여러 가지 크기의 부유물을 함유하며, 이들 물질은 펌프에 해를 가하거나 펌프를 막히게 하고 수로 내에서의 흐름을 불량하게 한다. 그러므로, 정수장이나 폐수처리장에서는 처리의 첫 단계로서 스크린을 사용하여 이들 부유물을 제거한다. 펌프를 보호하기 위하여 통상 6cm 이하의 눈을 가진 조망 스크린(coarse screen)이 사용되며 걸린 부유물을 스크린으로부터 손으로 쉽게 제거하기 위하여 수평과 30°~45°로 수로에 설치된다. 스크린의 종류는 우수스크린, 오수 스크린, 조목 스크린, 세목스크린, 인력, 기계, 고정, 가동 스크린 등이 있다.

4.1.4 펌프의 종류

하수펌프는 우수펌프, 오수펌프, 오니(슬러지)펌프의 3종류로 대별 되는데, 구조상으로 분류하면 와권펌프(Volute pump), 터빈펌프(Turbine pump), 사류펌프(Mixed flow pump), 축류펌프(Propeller pump), 형상으로 분류하면 횡축형 및 입축형펌프(Horizontal type and Vertical type pump), 전동기 직결펌프(Motor direct coupled pump), 수중모터펌프(Submerged motor pump), 슬러지펌프(Sludge pump), 스크류펌프(Screw pump)가 있다. 이와 같은 종류를 기준으로 다음과 같이 좀 더 상세하게 분류하였다.

(1) 원심력 펌프(=와권(渦券)펌프)

상하수도의 양수용으로 가장 많이 사용하는 펌프로 임펠러(Impeller, 회전날개)의 회전에 의해서 발생하는 물의 회전력(원심력)을 케이싱(casing)을 통하여 수압력이나 속도 에너지로 전환하여 양수하는 펌프로 터어빈 펌프와 볼류트 펌프가 있다.

① 상·하수도의 양수용에 가장 많이 사용한다.
② 운전 및 수리가 용이하다.
③ 왕복운동보다 회전 운동을 한다.
④ Impeller 교환에 따라 특성변동을 한다.
⑤ 효율이 높고 적용범위가 넓다.
⑥ 수중 베어링이 불필요하므로 보수가 용이하다.
⑦ 흡입성능이 우수하고, 공동현상이 잘 발생하지 않는다.
⑧ 적은 유량을 가감하는 경우 소요동력이 적어도, 운전에 지장이 없다.

⑨ 날개는 견고하나 원심력이 크고 반지름 및 축방향으로도 장소를 차지한다.

⑩ 요구되는 양정은 펌프의 특성에 따라 다르다.

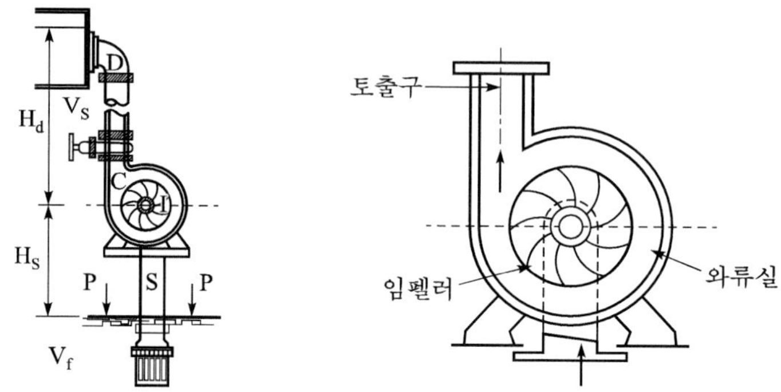

I : 임펠러 C : 동체 S : 흡입관 D : 토출판 V : 풋밸브
V_S : 제수밸브 H_d : 토출고 H_S : 흡입고 H_S+ H_S : 실양고

그림 4.2 원심력 펌프

(2) 축류펌프

임펠러의 원심력에 의하지 않고 양력(揚力)작용에 의해 물이 축방향으로 유입되어 축방향으로 토출되는 펌프를 말하며 대구경(400mm 이상) 관을 사용하고 전양정이 5m 이하(특히, 2~3m)인 경우에 경제적으로 유리하다.

① 크기가 작고 구조가 간단하며 임펠러의 회전수가 빠르다.(원심력 펌프의 1.5배)

② 양정변화에 대한 수량변화가 적고 효율 저하도 적어 펌프 중에서 가장 저양정용이고, 양정이 변하는 경우 적합하다.

③ 임펠러 및 나선케이싱은 물의 통로가 짧으며 심한 굴곡부가 있다.

④ 흡입성능과 회전수는 사류펌프보다는 우수하다.

⑤ 비교회전도가 1,100~2,000으로 가장 커서 저양정에서도 비교적 고속이다.

(3) 사류펌프

임펠러의 원심력과 양력에 의해 물이 축방향으로 유입되어 방사와 축의 중간 방향인 경사 방향으로 토출하는 펌프를 말한다. 원심펌프와 축류펌프의 중간형으로 양정은 3~12m 정도이다.

① 운전 시 동력이 일정하며 양정의 변화가 큰 곳에 적합하다.

② 우수용 펌프 등 수위변화가 큰 곳에 적합하다.

③ 원심력 펌프보다 소형이므로 설치면적도 작고, 기초공사비가 절약된다.

④ 축류펌프보다 공동현상이 적게 일어난다.

⑤ 같은 양정일 경우 축류펌프보다 흡입양정을 크게 할 수 있다.

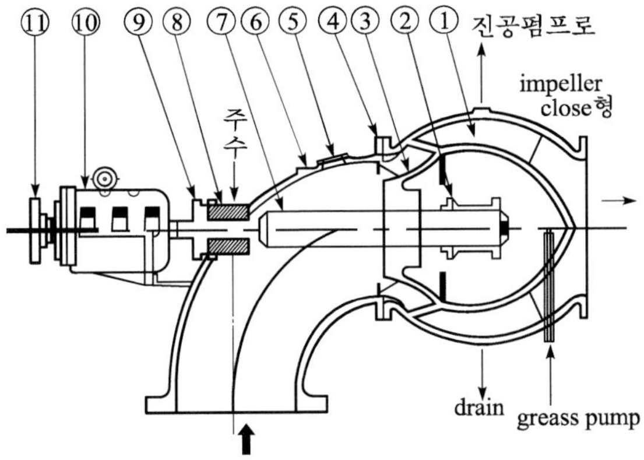

1. Diffusion Casing
2. 수중 Bearing
3. Impeller
4. Casing Ring(라이나링)
5. 점검공
6. Suction Casing
7. Shaft(주축)
8. Groove Ring
9. Grand
10. Bearing Housing
11. Coupling

그림 4.3 사류펌프

표 4.4 각종 펌프의 성능 비교

항 목	원심력 펌프	축류펌프	사류펌프
impeller의 회전수	느리다	빠르다	
형태의 대소	크다	작다	중
효 율	좋다	약간 나쁘다	
양정변동에 의한 효율저하	많다	적다	간
양정의 변동률	규격의 0.6~1.2	규격의 0.6~1.5	(약 4.5m)
흡수고	높다(약 6.6m)	낮다(약 3m)	(약 5m)
총양정	높다(4m 이상)	낮다(5m 이내)	
구 경	80mm 이상	400mm 이상	
기동력	작다	크다	
자동운전	용이하다	곤란하다	약간 곤란하다

(4) 스크류 펌프

유지관리가 간단하여 하수도에 주로 이용하는 펌프로 슬러지 처리시설에서 슬러지를 이송하는데 좋은 결과를 얻고 있는 저양정에 적합한 펌프이다. 양정은 8m가 한도이며 효율은 평균 75-80% 정도이다.

① 구조가 간단하며 개방형이므로 운전 및 보수 등이 용이하다.
② 회전수가 적어 마모가 적다.
③ 침사지 또는 펌프설치대 없이 사용가능하다.
④ 양정에 제한이 있고 일반펌프에 비해 펌프가 크게 된다.
⑤ 토출축 수로를 압력관으로 할 수 없다.
⑥ 수중의 협잡물이 물과 함께 떠올라 폐쇄가 적다.

(5) 설치형식에 따른 분류

① **입축형(수직형) 펌프**(vertical pump)
㉮ 설치면적을 작게 차지한다.
㉯ 흡수고가 높은 장소에서는 횡축형보다 유리하다.
㉰ 기동이 간단하여 운전이 확실하며 효율이 좋다.
㉱ 공동현상(cavitation)에 대해 안전하고 자동운전이 편리하다.
㉲ 구조가 복잡하여 점검이 불편하다.
㉳ 우수배제에 적합하다.

② **횡축형 펌프**(horizontal pump)
㉮ 펌프장 바닥에 설치함으로 해체와 조립이 간단하다.
㉯ 기동력이 부족하고 자동운전이 불편하다.
㉰ 공동현상에 대한 위험이 크다.
㉱ 구조가 간단하므로 가격이 저렴하다.

(6) 펌프의 선택 시 고려사항은 다음과 같다.

① 배출량이 많고 비교적 고양정이고, 운전효율이 높을 것.
② 양정의 변동이 용이하고 효율의 저하 및 운동력의 변화가 적을 것.
③ 고속, 고압에 안전할 것.

④ 저양정에서도 운전효율이 높을 것.

⑤ 병렬운전이 가능할 것.

⑥ 구조가 간단하고 유지관리가 용이할 것.

⑦ 수질에 의한 부식에도 효율 저하가 적을 것.

⑧ 내부에 막힘이 없고 부식, 마모가 적을 것.

⑨ 흐름에 맥동이 없고 안정될 것.

⑩ 고장이나 파손이 작고 운전이 확실할 것.

펌프의 선정할 경우 고려해야 할 항목으로는 펌프의 특성, 양정, 효율, 동력이 있다.

4.1.5 펌프의 수리

(1) 펌프의 양정

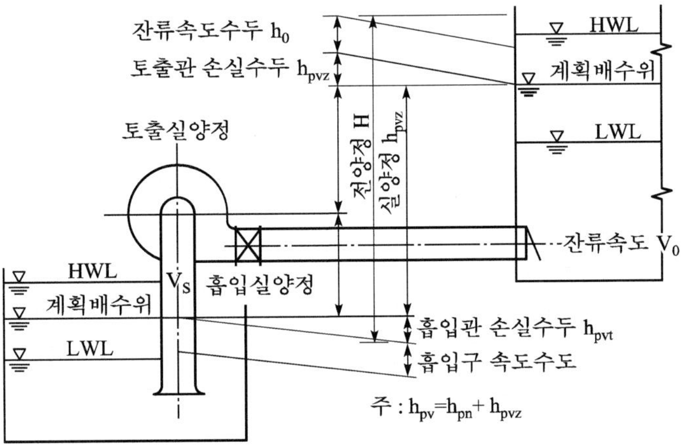

그림 4.4 펌프의 양정

① 실양정(h_a)

펌프가 실제적으로 물을 양수한 높이, 즉, 전양정에서 각종 손실수두를 뺀 것을 말한다.

② 전양정(H)

실양정과 총 손실수두 및 토출관 말단에서의 속도수두의 합을 말하며 다음의 식으로 나타낸다.

$$h_a = H - \Sigma h_f$$

$$H = h_a + \sum h_f + h_o$$

$$\sum h_f = h_{fs} + h_{fd}$$

여기서, H : 전양정(m)　　h_a : 실양정(m)

$\sum h_f$: 총손실수두(m)　　h_o : 관로말단의 잔류속도수두$\left(\frac{V^2}{2g}\right)$

h_{fs} : 흡입관의 손실수두(m)　　h_{fd} : 토출관의 손실수두(m)

(2) 펌프의 구경(口徑)

① 펌프의 크기는 보통 구경의 크기(mm)로서 결정된다.

② 펌프의 구경은 흡입구경과 토출구경으로 표시되며, 흡입구경과 토출구경이 같은 경우에는 1개의 구경으로 표시를 한다.

③ 흡입구경은 토출량과 흡입구 유속에 의해서 결정되며, 토출구경은 흡입구경, 전양정 및 비교회전도 등을 고려하여 결정한다.

④ 펌프 흡입구의 유속은 1.5~3.0m/sec를 표준으로 하며 펌프의 회전수가 클 때는 유속을 크게 하고 회전수가 작을 때는 유속을 작게 취한다.

펌프의 구경은 다음식과 같다.

$$Q = A \cdot V \text{ 에서} \quad A = \frac{\pi \cdot D^2}{4} = \frac{Q}{V} \text{ 이므로}$$

$$\therefore D = 146\sqrt{\frac{Q}{V}}$$

여기서, D : 흡입관의 지름(mm)

Q : 펌프의 토출량, 양수량(m^3/min)

A : 토출구 단면적

V : 흡입구의 유속(m/sec) (단, 유속은 약 1.5~3m/sec 으로 한다.)

실무예제 4.1

여주시 하수종말처리장에서 펌프로 유속 1.81m/sec 정도로 양수량 $0.85m^3/min$을 양수할 때 토출관의 지름은?

풀이

$A = \frac{Q}{V}$ 에서 $\frac{\pi \times D^2}{4} = \frac{0.85/60}{1.81}$ $\therefore$ D = 0.1m = 100 mm

(3) 펌프의 축동력

1HP = 75kg·m/sec, 1kW = 102kg·m/sec이고 효율과 유효수두를 고려하면 다음과 같다.

$$P = \frac{1,000}{75} Q(H + \Sigma h_L)/\eta_1\eta_2 \quad (HP)$$

$$P = \frac{1,000}{102} Q(H + \Sigma h_L)/\eta_1\eta_2 \quad (kW)$$

여기서, Q : 양수량(m^3/sec) H : 전양정(m) η_1, η_2 : 원동기 및 펌프의 효율

실무예제 4.2

여주시 마을 상수도 시설에서 유량이 $0.1m^3/sec$의 물을 30m 높이로 양수하려고 한다. 관로의 마찰에 의한 손실수두가 5m, 그 밖의 양수시 발생되는 손실수두가 3m라면 이 펌프의 소요축동력(Hp)은? (단, 펌프의 효율은 85% 이다.)

풀이

축동력 $E = \frac{1,000}{75} \times 0.1 \times (30+5+3)/0.85 = 59.6\,Hp$

실무예제 4.3

여주시 마을 하수도 시설에서 직경 20cm, 길이 30m의 주철관으로 유량 $1.8m^3/min$의 정수를 높이 15m까지 양수할 경우 필요한 펌프의 축동력은 얼마인가? (단, 마찰손실만 고려하고 마찰손실계수는 0.04, 관내 유속은 2m/sec, 펌프의 효율은 85%이다.)

풀이

$$h_L = 0.04 \times \frac{30}{0.2} \times \frac{2^2}{19.6} = 1.22\,m$$

$$E = \frac{1,000}{102} \times \frac{1.8}{60} \times (15+1.22)/0.85 = 5.61\,kW$$

실무예제 4.4

여주시 마을 상수도 시설에서 유량 $300m^3/hr$의 물을 높이 10m까지 양수하고자 한다. 펌프효율 75%일 때 펌프의 소요동력은 얼마인가? (단, 물의 비중은 1이다.)

풀이

펌프의 소요동력

$$E = \frac{1,000}{102} \times (300/3,600) \times 10 / 0.75 = 10.89 \text{ kW}$$

실무예제 4.5

여주시 하수종말처리장에서 1일 $28,800m^3$의 물을 8.8m의 높이로 양수하려고 한다. 펌프의 효율을 80%, 축동력에 15%의 여유를 둘 때 원동기의 소요동력은 몇 kW인가?

풀이

$$E = \frac{1,000}{102} \times 28,800/86,400 \times \frac{8.8}{0.8} \times (1+0.15) = 41.34 \text{ kW}$$

(4) 비회전도(비교회전도, 비속도, specific velocity)

각각 치수가 다른 기하적으로 닮은 임펠러(impeller)가 $1\ m^3/min$의 유량을 1m 양수하는데 필요한 회전수를 비회전도라 하며, 임펠러의 회전속도와 토출량, 전양정으로 계산하여 구한다.

$$N_s = N \times \frac{Q^{\frac{1}{2}}}{H^{\frac{3}{4}}} \quad \text{또는} \quad N_s = N \times \frac{Q^{\frac{1}{2}}}{\left(\frac{H}{n}\right)^{\frac{3}{4}}}$$

여기서, N_s : 비회전도　　　　N : 펌프의 회전속도(rpm)

n : 단수　　　　Q : 최고 효율시의 양수량(m^3/min)

H : 최고 효율시의 전양정(m)

① N_s가 작으면 유량(토출량)이 적은 고양정 펌프, N_s가 크면 유량(토출량)이 많은 저양정 펌프이다.

② 양수량과 전양정이 동일하면 회전수가 클수록 N_s가 커진다.

③ 양수량과 전양정이 동일하면 N_s가 커짐에 따라 펌프는 소형이 되어 펌프의 값이 저렴해 진다.

④ N_s가 같으면 펌프의 크기에 관계없이 모두 같은 형식이며 특성도 대체로 같다.

실무예제 4.6

여주시 하수종말처리장에서 사용되는 양수량 14m³/min, 전양정 10m, 회전수 1,160rpm인 펌프의 비교회전도는?

풀이

$$N_s = 1{,}160 \times \frac{\sqrt{14}}{10^{3/4}} = 771.8\ \text{rpm}$$

실무예제 4.7

여주시 하수종말처리장에서 사용되는 최고 효율점의 양수량 800m³/hr, 전양정 7m, 회전속도 1500 rpm인 취수펌프의 비회전도(Specific speed)는 얼마인가?

풀이

$$N_s = 1{,}500 \times \frac{\sqrt{800/60}}{7^{3/4}} = 1{,}272.7$$

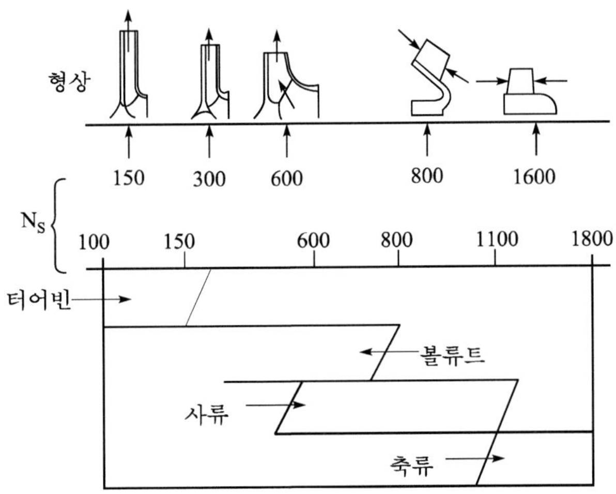

그림 4.5 회전차의 형상과 N_s와의 관계

표 4.5 각 펌프의 전양정, 구경과 비교회전도

형 식	전양정	펌프의 구경	비교회전도
원심력(와권) 펌프	4m 이상	100mm 이상	가장 작다
사류펌프	3~12m	200mm 이상	
축류펌프	4m 이하	300mm 이상	가장 크다

(5) 펌프의 특성곡선

펌프의 회전속도를 일정하게 유지한 후 토출관의 밸브를 조절하여 펌프용량을 변화시켰을 때 펌프의 토출량(양수량)(Q)과 전양정(H), 효율(η), 축동력(P)의 변화를 나타낸 곡선으로 펌프장(양수장)에서 펌프를 선택할 때 시스템 수두곡선과 함께 이용하고 있다. 펌프의 회전속도를 일정하게 고정하고 토출관의 밸브를 조절하여 펌프용량을 변화시킬 때 나타나는 양정(H), 효율(η), 축동력(P) 이 양수량(Q)의 변화에 따라 변하는 관계를 각기의 최대효율점에 대한 비율로 나타낸 곡선을 펌프의 특성곡선(characteristic) 또는 펌프의 성능곡선(performance curve)이라 한다. 즉 펌프의 양수량과 양정, 효율, 축동력 등의 관계를 나타내는 곡선이다.

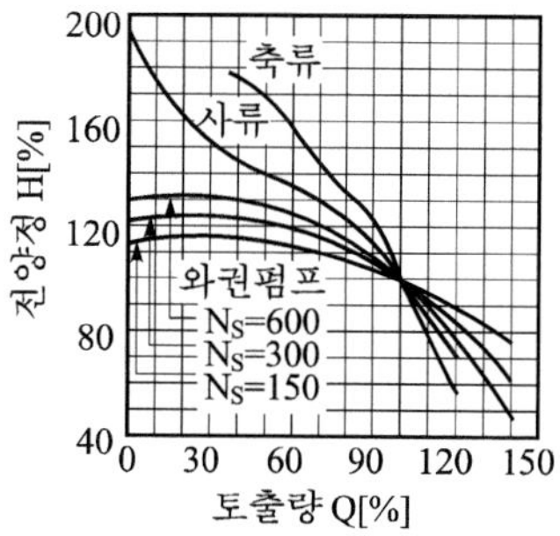

(a) 토출량-양정 곡선

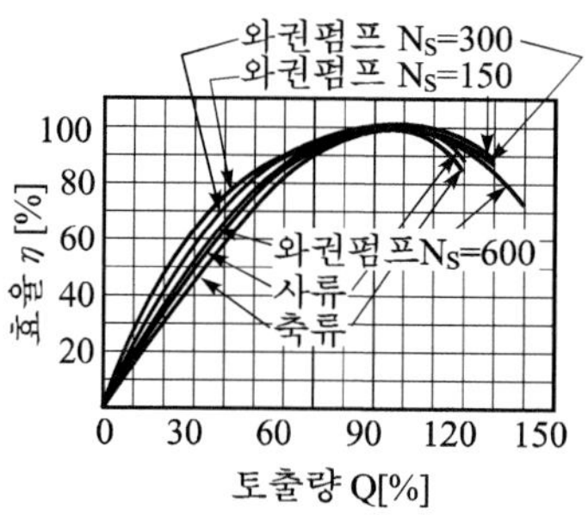

(b) 토출량-효율 곡선

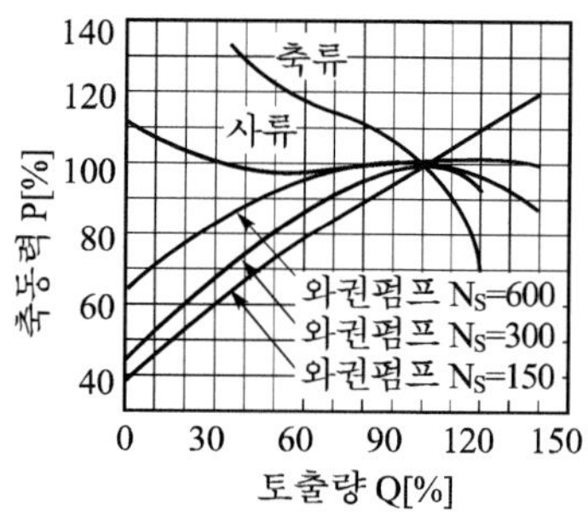

(c) 토출량-축동력 곡선

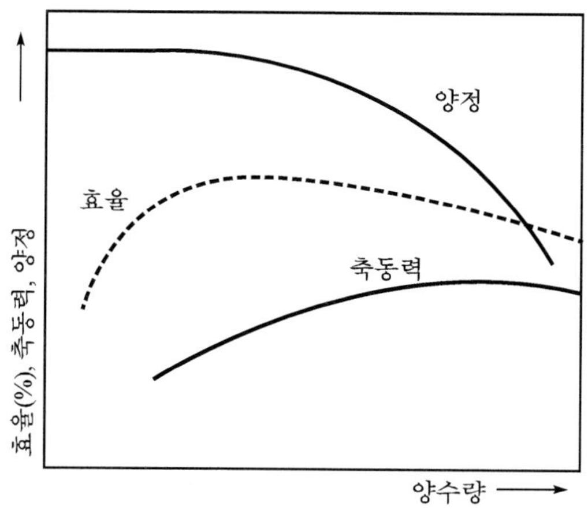

그림 4.6 펌프 특성곡선의 사례

① 펌프의 토출량(양수량) 조절 방법은 다음과 같다.
   ㉮ 펌프의 회전수와 운전 대수를 조절한다.
   ㉯ 토출측 밸브의 개폐 정도를 변경한다.
   ㉰ 토출구로부터 흡입구로 일부를 변경한다.
   ㉱ 왕복펌프 플렌지의 스트로크(stroke)를 변경한다.

(6) 시스템 수두 곡선

총수두(total dynamic head, TDH)와 양수량(Q) 사이의 관계를 나타낸 곡선으로 H_F와 H_V가 양수량의 함수이고, H_L도 수위의 변화 등 여러 가지 요인에 의해서 변동될 수 있기 때문에 통상 직선이 아니고 곡선으로 이루어진다.

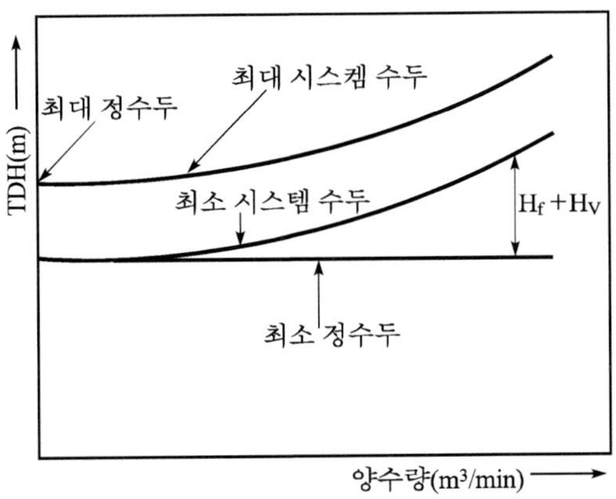

그림 4.7 시스템 수두 곡선의 사례

(7) 펌프의 운전방식 특성

1대의 펌프로서 양수량 또는 양정이 부족한 경우, 2대나 그 이상의 펌프를 병렬 또는 직렬로 운전한다. 즉, 펌프 1대로 양정이나 양수량이 부족한 경우 급수에 있어 수압·수량에 변동이 요구되는 경우에 펌프 2대 이상 직렬이나 병렬로 연결하여 운전함으로써 용량의 증가, 수압 및 수량을 조절할 수 있다.

① **펌프의 운전점**은 저항곡선과 양정곡선이 교차되는 점이다.
② 관로의 저항곡선은 실양정+손실수두와 양수량에 대한 변화를 나타낸 곡선이다.
③ 체절양정(締切揚程)은 Q=0일 때의 양정이다.

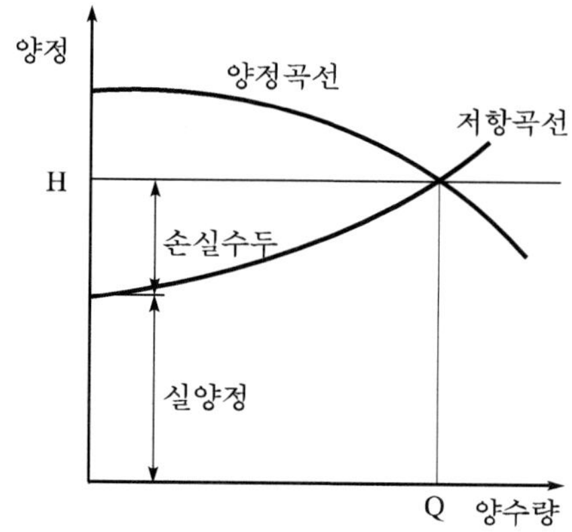

그림 4.8 양정곡선과 저항곡선

④ 직렬 운전

㉮ 특성이 같은 펌프를 직렬 운전 시 단독 운전 시보다 양정을 약 2배 정도 증가시킬 수 있다.

㉯ 양수량의 변화가 작고 양정의 변화가 큰 경우에 실시한다.

⑤ 병렬 운전

㉮ 특성이 같은 펌프를 병렬운전 시 단독 운전 시보다 양수량을 2배 정도 증가시킬 수 있다.

㉯ 양수량의 변화가 크고 양정의 변화가 작은 경우에 실시한다.

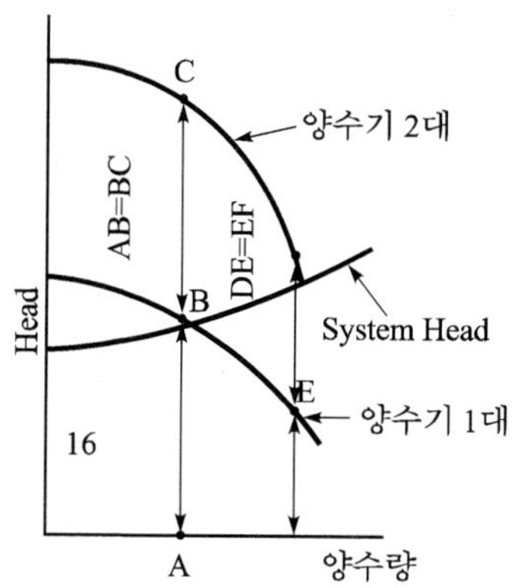

그림 4.9 직렬연결

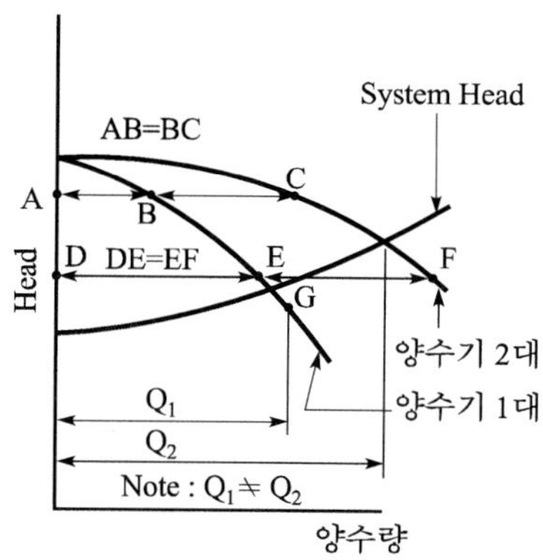

그림 4.10 병렬연결

펌프의 병렬 및 직렬연결로 인한 특성을 정리하면 다음과 같다.

㉮ 펌프의 병렬연결운전인 경우 펌프의 운전점은 단독운전 양수량의 2배 이하이다.
㉯ 펌프의 병렬연결운전은 양정고의 변화가 적고, 양수량의 변화가 큰 경우에 사용한다.
㉰ 특성이 서로 다른 펌프를 병렬연결운전할 경우에는 체절 양정만은 거의 동일하고 펌프의 특성은 하강곡선인 경우가 좋다.
㉱ 특성이 전혀 다른 펌프의 병렬연결운전은 어렵기 때문에 펌프의 직렬운전의 경우 펌프의 운전점은 단독운전일 경우의 양정을 2배로 하여 구한다.
㉲ 양정고의 변화가 크고, 양수량의 변화가 적은 경우에 펌프의 직렬연결운전이 사용된다.
㉳ 관로 저항곡선의 구배가 급한 곳에 사용할 때에는 병렬연결운전보다 직렬연결운전이 유리하다.

⑥ 펌프의 흡입관

㉮ 충분한 흡입수두를 가질 수 있도록 한다.
㉯ 펌프 한대마다 하나의 흡입관을 설치하여야 한다.
㉰ 흡입관은 가능하면 수평으로 설치하는 것을 피하여야 한다.
㉠ 가능한한 짧게 하고 펌프를 향하여 1/50 이상의 경사로 한다.
㉱ 흡입관에는 공기가 갇히지 않도록 한다.

⑦ 펌프의 흡수정

㉮ 펌프의 바로 밑에 축조하고 될 수 있으면 가까운 거리에 설치하도록 한다.
㉯ 수류가 난류나 와류를 일으키지 않는 구조이어야 한다.

실무예제 4.8

여주시 하수종말처리장에서 400m^3/day의 하수를 처리할 때 펌프장의 습정의 부피를 얼마정도로 하면 적당한가? (단, 습정 체류시간은 20분이다.)

풀이

습정의 부피 $V = Q \times t = \dfrac{400}{(24 \times 60)} \times 20 = 5.55\ m^3$

(8) 펌프의 부속설비 및 보조설비

① 펌프의 흡입관은 공기가 갇히지 않도록 배관한다.

② 필요에 따라 축봉(packing)용, 냉각용, 윤활용 등의 급수설비를 설치한다.

③ 흡상식 펌프에서 풋밸브(foot valve)를 설치하지 않을 경우에는 마중물용의 진공펌프를 설치한다.

④ 펌프흡입측에는 진공계를, 토출측에는 압력계를 설치한다.

4.2 수격작용과 공동현상

> · TIP
> 수격작용의 정의와 방지 방법, 공동현상의 방지방법을 숙지하도록 한다.

4.2.1 수격작용(水擊作用, water hammer)

펌프의 급정지, 급가동 또는 토출밸브를 급폐쇄하면 관로내 유속의 급격한 변화가 생기고 관로 내 압력이 급상승 또는 급강하하는 현상을 수격작용이라 하며, 상수도 시스템에서는 펌프 가압을 하는 긴 관에서 정전 등에 의해 펌프가 급정지하는 경우에 많이 발생한다.

(1) 수격작용의 발생순서는 다음과 같다.

① 펌프가 정지했음에도 불구하고 관로중의 물이 관성력으로 전진하여 펌프 부근에는 거대한 부압(負壓)이 발생하고,

② 일단 정지한 물이 역류해서 펌프 부근에 정압(正壓)을 일으키며,

③ 펌프 출구에는 역지 밸브가 없으면 펌프로 물이 역류해서 수차(水車)를 역전(逆轉)시킨다.

(2) 수격작용에 의한 피해는 다음과 같다.

① 수격압 상승에 의해 펌프, 밸브, 관로가 파손된다.

② 관의 두께가 얇을 경우 압력강하에 의해 관이 찌그러진다.

③ 압력강하에 의해 발생하는 부압이 물의 증기압 이하로 되면 공동부가 나타나고, 이

공동부가 물로 채워질 때 높은 충격압이 발생하여 관을 파손하며, 따라서 공기밸브를 필요로 한다.

④ 펌프 및 원동기에서 역전에 대해 고려하지 않을 경우에는 사고를 발생시킬 수 있다.

(3) 수격작용 발생을 방지하는 방법은 다음과 같다.

① 펌프의 급정지를 피할 것.

② 관내의 유속을 저하시킬 것.

③ 압력변화에 따라 설치되어야 할 밸브

㉮ 압력저하에 따른 부압 방지

㉠ 펌프에 플라이 휠(fly wheel)을 붙여 펌프의 관성을 증가시켜 압력강하를 완화시킨다.

㉡ 펌프의 토출측 관로에 정, 부 양방향의 압력변화에 대응하기 위한 압력조절수조(surge tank)를 설치한다.

㉢ 펌프의 토출구 부근에 공기조(air chamber)와 공기밸브(air valve)를 설치한다.

㉯ 압력상승에 따른 고압방지

㉠ 펌프의 토출측 관로에 안전밸브(safety valve)를 설치하여 압력상승을 적게 한다.

㉡ 토출구 부근에 완만히 닫을 수 있는 완폐식 역지밸브(check valve)를 설치하여 압력상승을 적게 한다.

(4) 맥동 작용

펌프의 토출압력과 토출량이 주기적으로 변동을 일으켜서 운전상태를 변화하지 않는 한 그 변동이 지속하는 현상으로 심한 진동과 진동음이 발생한다.

4.2.2 공동현상(空洞現象, cavitation)

펌프의 임펠러 입구에서 정압이 그 수온에 상당하는 포화증기압 이하가 되면 그 부분의 물이 증발해서 공동이 생기거나 흡입관으로부터 흡입되어 공동이 생기는 현상을 말한다. 포화증기압(Saturation Vapor Pressure)이란 단위 시간당 물 표면을 이탈하는 물 분자의 수와 물속으로 들어오는 물 분자의 수가 같아져서 평형상태에 도달할 때의 증기압이다.

(1) 공동현상이 발생하는 장소는 다음과 같다.

펌프의 임펠러 부근, 관로 중 유속이 큰 곳이나 유체의 흐름이 급변하는 곳

(2) 공동현상이 발생하는 조건은 다음과 같다.

① 펌프가 흡수면으로부터 매우 높이 설치되어 있다.

② 펌프의 직경이 작고, 유속이 빨라서 유량이 증가한다.

③ 펌프의 회전수가 너무 빠를 때 발생한다.

④ 관내 수온이 포화증기압 이상으로 증가한다.

(3) 공동현상을 방지하는 방법은 다음과 같다.

① 펌프 설치 위치를 낮추고 흡입양정을 작게 한다. 즉, 흡입양정의 표준을 -5m까지로 한다.

② 흡입관의 길이를 짧게 하고, 흡입관 직경을 크게 한다.

③ 펌프의 회전수를 작게 한다.

④ 흡입밸브에 의한 손실수두를 가능한 한 작게 한다.

⑤ 총양정은 실양정에 적합하도록 계획한다.

⑥ 임펠러를 수중에 위치시켜 잠기도록 한다.

⑦ 단흡입(Single suction) 이면 양흡입(Double suction) 펌프를 사용한다.

⑧ 2대 이상의 펌프를 사용한다.

⑨ 유효 흡입수두가 필요 흡입수두보다 크게 해야 하며 그 차이값이 1m보다 크도록 해야 한다.($H_{sv} > 1.3\,h_{sv}$)

(4) 흡입수두(Net Positive Suction Head, NPSH)

① 이용 가능한 유효 흡입수두(Hsv, Available Net Positive Suction Head)

펌프 날개바퀴 입구의 압력이 포화증기압에 대해서 어느 정도 여유를 갖고 있는가를 나타내는 양이며 다음의 식으로 나타낸다.

$$H_{sv} = h_a - h_s - h_v - h_f$$

여기서, h_a : 대기압(m)(표준대기압일 때 10.33m)

h_s : 흡입 실양정(m)

h_v : 수온에 상당하는 포화증기압(m)

h_f : 흡입 및 흡입관에 의한 손실수두(m)

② **펌프가 필요로 하는 유효 흡입수두**(hsv, Required Net Positive Suction Head)

펌프가 공동현상을 일으키지 않고 물을 임펠러에 흡입하는데 필요한 펌프의 흡입기준 면에서의 최소한의 수두를 말한다.

핵심용어 및 내용

1. 펌프의 종류

① 원심력 펌프(=와권(渦券)펌프) : 상하수도의 양수용으로 가장 많이 사용하는 펌프
② 축류펌프 : 전양정이 4m 이하(2~3m)인 경우에 경제적으로 유리하며, 펌프 중에서 가장 저양정용이고 비교회전도가 가장 크다.
③ 사류펌프 : 원심펌프와 축류펌프의 중간형으로 수위변화가 큰 곳에 적합하다.

2. 펌프의 양정

① 실양정 : 펌프가 실제적으로 물을 양수한 높이, 즉, 전양정에서 각종 손실수두를 뺀 것을 말한다.
② 전양정 : 실양정과 총 손실수두 및 토출관 말단에서의 속도수두의 합을 말한다.
$H = h_a + \sum h_f + h_o$

3. 펌프의 축동력

$$P = \frac{1,000}{75} Q(H + \Sigma h_L)/\eta_1\eta_2 \quad (HP)$$

$$P = \frac{1,000}{102} Q(H + \Sigma h_L)/\eta_1\eta_2 \quad (kW)$$

여기서, Q : 양수량(m^3/sec), H : 전양정(m), η_1, η_2 : 원동기 및 펌프의 효율

4. 비회전도(비교회전도, 비속도, specific velocity)

임펠러(impeller)가 $1\,m^3/min$의 유량을 1m 양수하는데 필요한 회전수이며 N_s가 작으면 유량이 적은 고양정 펌프이며, N_s가 크면 유량이 많은 저양정 펌프이다.

$$N_s = N \times \frac{Q^{\frac{1}{2}}}{H^{\frac{3}{4}}}$$

5. 펌프의 특성곡선

펌프의 토출량(양수량)(Q)과 전양정(H), 효율(η), 축동력(P)의 변화를 나타낸 곡선

6. 수격작용(水擊作用, water hammer)

펌프의 급정지, 급가동 또는 토출밸브를 급폐쇄하면 관로내 유속의 급격한 변화가 생기고 관로 내 압력이 급상승 또는 급강하하는 현상을 수격작용이라 한다.

7. 수격작용 발생 방지 방법

① 펌프의 급정지를 피할 것.

② 관내의 유속을 저하 시킬 것.

③ 압력변화에 따라 설치되어야 할 밸브

㉮ 압력저하에 따른 부압 방지

펌프에 플라이 휠(fly wheel)을 붙여 펌프의 관성을 증가시켜 압력강하를 완화시킴. 펌프의 토출측 관로에 정, 부 양방향의 압력변화에 대응하기 위한 압력조절수조를 설치. 펌프의 토출구 부근에 공기조(air chamber)와 공기밸브(air valve)를 설치

㉯ 압력상승에 따른 고압방지

펌프의 토출측 관로에 안전밸브(safety valve)와 토출구 부근에 완전히 닫을 수 있는 역지밸브(check valve)를 설치하여 압력상승을 적게 한다.

8. 공동현상(空洞現象, cavitation) 방지 방법

① 펌프 설치위치를 낮추고 흡입양정을 작게 한다.
(흡입양정의 표준 : −5m 까지)

② 흡입관의 길이를 짧게 하고, 흡입관 직경을 크게 한다.

③ 흡입밸브에 의한 손실수두를 가능한한 작게 한다.

④ 유효 흡입수두가 필요 흡입수두보다 크게 해야 한다.

⑤ 펌프의 회전수를 작게 한다.

⑥ 임펠러를 수중에 위치시켜 잠기도록 한다.

되짚어보기

1. 계획 오수량이 0.5~1.5m^3/sec일 때 오수펌프의 설치대수는?(단, 예비 1대를 포함)

풀이

3~5대

2. 하수도에서 가장 일반적으로 사용하는 펌프의 형태는 (원심력 펌프)이다.

3. 대구경(400mm 이상)관을 사용하여 저양정(5m 이하)으로 하수를 양수하는데 가장 적합한 펌프형식은?

풀이

축류펌프는 임펠러의 원심력에 의하지 않고 양력(揚力)작용에 의해 물이 축방향으로 유입되어 축방향으로 토출되는 펌프를 말하며 대구경(400mm 이상)관을 사용하고 전양정이 5m 이하인 저양정인 경우에 유리하다.

4. (축류펌프)는 양정(揚程)이 2~3m로 펌프 중 양정높이가 가장 낮고 비교회전도는 가장 크다.

5. 펌프 흡입구의 표준유속은 얼마인가?

풀이

1.5~3.0m/sec

6. 펌프의 유출구 유량이 0.2m^3/sec이고, 유속이 3m/sec인 경우 흡입구경은 얼마가 적당한가?

풀이

$A = \frac{Q}{V}$ 에서 $\frac{\pi \times D^2}{4} = \frac{0.2}{3}$

$\therefore D = 0.2913m = 291.3mm$

7. 높이 25m인 고수조에서 매시간 20ton의 물을 양수하고자 한다. 이때 흡입 양정이 5m이고, 마찰 손실수두가 10m이라면 펌프의 전양정(total lift)은 얼마인가?

풀이

전양정=실양정+손실수두의 합+흡입수두

= 25 + 10 + 5 = 40m

8. 0.2m^3/sec의 물을 30m 높이에 양수하기 위한 펌프의 소요 동력(HP)은? (단, 펌프의 효율은 70%)

풀이

$$E = \frac{1,000}{75} \times 0.2 \times 30/0.7 \quad = 114.3HP$$

9. 내경 10cm, 길이 60m의 강관으로 매초당 0.02m^{3}의 물을 30m 높이까지 양수하려면 펌프의 소요 축동력(kW)은? (단, 마찰손실만 고려하고 마찰손실계수 f=0.035, 펌프 효율은 85% 이다.)

풀이

$$V = \frac{4 \times 0.02}{\pi \times 0.1^2} = 2.546m/s$$

$$h_L = 0.035 \times \frac{60}{0.1} \times \frac{2.546^2}{19.6} = 6.945m$$

$$E = \frac{1,000}{102} \times 0.02 \times (30 + 6.945)/0.85 = 8.52kW$$

10. 그림과 같은 저수지에서 직경 500mm관으로 유량 0.2m^3/s를 저수지 수면에서 30m 되는 고지대로 압송한다. 고지대의 압력이 1.5kg/cm^{2}를 유지하도록 하려면 펌프의 축마력은 얼마로 하여야 하는가? (단, 관의 길이는 2,000m, 마찰손실계수는 0.028, 펌프의 효율은 75%라고 함.)

풀이

$$V = \frac{4 \times 0.2}{\pi \times 0.5^2} = 1.019m/s$$

$$h_L = 0.028 \times \frac{2,000}{0.5} \times \frac{1.019^2}{19.6} = 5.933m$$

$$h = \frac{p}{\omega} = \frac{15t/m^2}{1t/m^3} = 15m \text{ 이므로}$$

$$\therefore E = \frac{1,000}{75} \times 0.2 \times (30 + 5.933 + 15)/0.75$$

$$= 181.1Hp$$

11. 펌프 선정 시 고려사항은 (펌프의 특성), (펌프의 양정), (펌프의 효율), (펌프의 동력)이다.

12. 펌프의 비교 회전도를 구하는 공식은? (단. Ns : 비교회전도, N : 펌프의 회전수(rpm), Q : 최고 효율점의 양수량(m^3/min), H : 최고 효율점의 전양정(m)이다.)

풀이

$$N_s = N\frac{Q^{\frac{1}{2}}}{H^{\frac{3}{4}}}$$

13. 원심력 펌프의 규정회전수 N=8회/sec, 토출량 Q=47m^3/min, 전양정 H=13m일 때 이 펌프의 비회전도는?

풀이

$$N_s = 8/\frac{1}{60} \times \frac{\sqrt{47}}{13^{3/4}} = 480.7$$

14. 토출량 5m^3/s, 회전속도 150rpm, 전양정 2.5m인 펌프의 비속도(Specific speed)는?

풀이

$$\text{비속도 } N_s = 150 \times \frac{\sqrt{5/\frac{1}{60}}}{2.5^{3/4}} = 1{,}306.8$$

15. 비속도(Ns)가 작으면 유량(토출량)이 적은 (고양정) 펌프이고, 비속도(Ns)가 크면 유량(토출량)이 많은 (저양정) 펌프이다.

16. 펌프특성곡선이란 일정한 양수량에 대하여 펌프가 갖는 (양정), (효율) 및 (동력)의 관계를 나타낸 그래프를 말하며 펌프 선정 시 이용된다.

17. pump의 효율 특성곡선은?

풀이

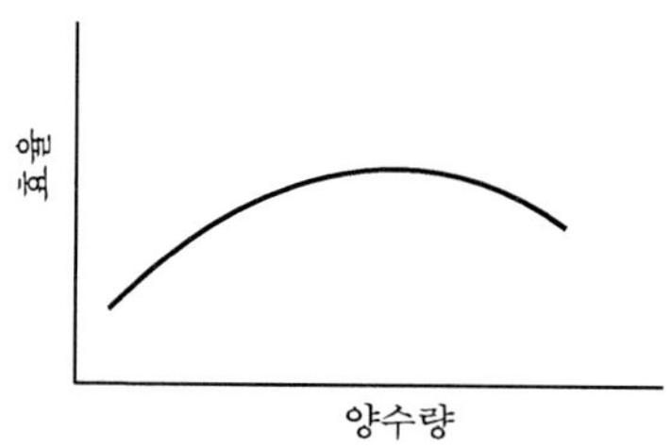

18. 펌프의 표준 특성곡선이다. 각 곡선은 무엇을 나타내는가? (단, Ns: 100~250).

풀이

B는 효율, C는 동력을 나타내며 전양정은 토출량에 반비례하므로 D곡선이다.

19. 운전중에 있는 펌프의 토출량을 조절하는 방법은?

풀이

펌프의 토출량(양수량)을 조절하는 방법
① 펌프의 회전수와 운전대수를 조절한다.
② 토출측 밸브의 개폐정도를 변경한다.
③ 토출구로부터 흡입구로 일부를 변경한다.
④ 왕복펌프 플렌지의 스트로크(stroke)를 변경한다.

20. 공동현상의 발생 조건 및 방지대책은?

풀이

① 펌프가 흡수면으로부터 매우 높이 설치되어 있다.
→ 펌프 설치위치를 낮추고 임펠러를 수중에 잠기도록 한다.
② 펌프의 직경이 작고, 유속이 빨라서 유량이 증가한다.
→ 펌프의 직경(흡입관경)을 크게 한다.
③ 관내 수온이 포화증기압 이상으로 증가한다.
④ 펌프의 회전수가 너무 빠를 때 발생한다.
→ 펌프의 회전수를 작게 한다.

Appendix

부록

Wastewater Treatment System

Appendix

부록

1.1 물의 물리적 성질

(1) 온도에 따른 물의 밀도(g_0/cm^3)

t℃	0.0	0.1	0.2	0.3	0.4	0.5	0.6	0.7	0.8	0.9
0	0.999868	875	881	888	894	905	911	911	916	922
1	927	932	936	941	945	949	953	957	961	965
2	968	971	974	977	980	982	984	987	989	691
3	992	994	995	996	997	998	999	999	999	000
4	1.000000	000	000	999	999	998	997	996	995	993
5	0.999992	990	998	986	984	982	980	977	974	971
6	968	965	962	958	955	951	947	943	939	934
7	930	925	920	915	910	905	899	894	888	882
8	876	870	864	858	851	845	838	831	824	817
9	809	802	794	786	778	770	762	754	746	737
10	738	719	710	701	692	683	673	663	653	643
11	0.999633	623	612	602	591	580	570	559	549	535
12	525	513	502	490	478	466	454	442	429	417
13	404	361	378	365	352	339	326	312	299	285
14	271	257	243	229	215	200	186	171	156	142
15	127	111	096	081	066	050	034	018	003	986
16	0.998970	954	938	921	905	888	871	854	837	810
17	803	786	768	750	733	715	697	679	661	643
18	624	606	587	569	550	531	512	493	474	454
19	435	415	396	376	356	336	316	296	275	255
20	234	214	193	172	151	130	109	088	066	045
21	0.998023	002	980	958	936	914	892	869	847	824
22	0.997802	779	756	734	710	987	664	641	617	594
23	570	547	523	499	475	451	426	402	378	353
24	329	304	279	254	229	204	179	154	128	103
25	077	051	026	000	974	948	921	895	869	842
26	0.996816	789	762	736	709	682	655	627	600	573
27	545	518	490	462	434	406	387	350	322	294
28	265	237	208	179	151	122	093	064	035	005
29	0.995976	947	917	888	858	828	798	768	738	703
30	678	648	617	587	556	526	495	464	433	402

(2) 온도에 따른 물의 점성계수(Centipoise=0.01dyne·sec/cm^2)

t℃	0	1	2	3	4	5	6	7	8	9	10
μ	1.7921	1.7313	1.6727	1.6191	1.5674	1.5188	1.4728	1.4284	1.3860	1.3462	1.3077
t℃	11	12	13	14	15	16	17	18	19	20	21
μ	1.2713	1.2363	1.1708	1.1404	1.1111	1.0559	1.0559	1.0559	1.0299	1.0050	0.9810
t℃	22	23	24	25	26	27	28	29	30	–	–
μ	0.9579	0.9358	0.9143	0.8937	0.8737	0.8545	0.8360	0.8180	0.800 7	–	–

(3) 온도에 따른 물의 동점성계수(Stokes=cm^2/sec)

t℃	0.0	0.1	0.2	0.3	0.4	0.5	0.6	0.7	0.8	0.9
0	1.792	1.786	1.780	1.774	1.768	1.761	1.755	1.749	1.743	1.737
1	.731	.725	.719	.713	.707	.701	.696	.690	.684	.679
2	.673	.667	.661	.655	.650	.645	.639	.634	.629	.624
3	.619	.613	.603	.608	.598	.592	.582	.577	.572	.572
4	.567	.562	.557	.552	.542	.537	.537	.533	.528	.524
5	1.519	1.515	1.510	1.505	1.500	1.496	1.491	1.478	1.482	1.477
6	.473	.468.	.464	.459	.455	.451	.466	.442	.438	.433
7	.428	.424	.420	.416	.412	.408	.403	.399	.395	.391
8	.386	.383	.379	.375	.371	.367	.363	.359	.355	.351
9	.346	.342	.339	.335	.331	.327	.323	.319	.315	.311
10	1.308	1.304	1.300	1.296	1.293	1.289	1.285	1.282	1.278	1.274
11	.271	.267	.264	.260	.256	.253	.250	.246	.243	.240
12	.237	.233	.230	.226	.223	.229	.217	.214	.211	.207
13	.204	.201	.198	.194	.191	.185	.182	.178	.175	.175
14	.172	.169	.166	.162	.159	.156	.153	.150	.147	.144
15	1.141	1.138	1.135	1.132	1.129	1.126	1.123	1.120	1.117	1.115
16	.112	.109	.106	.103	.100	.098	.095	.092	.089	.063
17	.048	.081	.078	.075	.072	.069	.067	.065	.062	.059
18	.057	.055	.053	.050	.047	.045	.042	.040	.037	.035
19	.032	.029	.026	.024	.022	.019	.017	.014	.012	.009
20	1.007	1.004	1.002	1.000	0.997	0.995	.993	0.990	0.988	0.986
21	0.983	0.981	0.978	0.076	.974	.972	.969	.967	.964	.962
22	.960	.958	.95	.953	.951	.949	.947	.945	.942	.940
23	.938	.936	.934	.932	.929	.927	.925	.923	.921	.919
24	.917	.915	.913	.911	.909	.907	.905	.903	.901	.895
25	0.897	0.895	0.893	0.893	0.891	0.889	0.887	0.885	0.883	0.879
26	.877	.875	.873	.871	.869	.867	.866	.864	.862	.860
27	.858	.856	.854	.852	.850	.848	.846	.845	.843	.841
28	.839	.837	.835	.833	.832	.830	.828	.826	.825	.823
29	.821	.819	.818	.816	.814	.813	.811	.809	.808	.806
30	0.804	0.803	0.801	0.799	0.798	0.796	0.794	0.793	0.791	0.790

(4) 온도에 따른 물의 표면장력 (dyne/cm)

t℃	0	5	10	15	16	17	18	19
T	75064	74.92	74.22	73.49	73.34	73.19	73.05	72.90
t℃	20	21	22	23	24	25	30	–
T	72.75	72.59	72.44	72.28	72.13	71.97	71.18	–

1.2 단위환산

(1) 길이:

미크론(micron)	$1\mu = 1\mu m = 10^{-6}m$
옹그스트롬(angstrom)	$1\,Å = 10^{-10}m$
야아드(yard)	$1yd = 0.9144m$
피이트(feet)	$1\,ft = \frac{1}{3}\,yd = 0.3048m$
인치(inch)	$1\,in. = \frac{1}{36}\,yd = 0.0254\,m$
마일(mile)	$1\,mi = 1760\,yd = 1609.344m$
海里(nautical mile)	$1\,n.mi = 1852m$
光年(light year)	$1\,light\ year = 9.4614 \times 10^{5}m$

(2) 面積 :

아아르(are)	$1\,a = 100m^2$
헥타아르(hectare)	$1\,ha = 10^4m^2$
제곱인치(square inch)	$1\ in^2 = 0.4516 \times 10^{-4}m^2$
제곱 피이트(square feet)	$1\,ft^2 = 9.290304 \times 10^{-4}m^2$
제곱 야아드(square yard)	$1yd^2 = 0.836127m^2$
제곱 마일(square mile)	$1mi^2 = 2.58999km^2$
에이커(acre)	$1\,arce = 4840yd^2 = 4046.86m^2$
평	1평 $= 3.30579m^2$

(3) 體積

리 터(liter)	$1l = 1bm^3 = 10^{-3}m^3$
세제곱 센티미터	$1cm^3 = 1.c.c = 10^{-6}m^3$
세제곱 인치	$1in^3 = 16.3871 \times 10^{-6}m^3$
세제곱 피이트	$1ft^3 = 28316.8 \times 10^{-6}m^3$
세제곱 야아드	$1yd^3 = 0.764555m^3$
갤론(galion)	$1gal = 3.78564 \times 10^{-3}m^3$
에이커·피이트(acre-feet)	$1acre \cdot ft = 1230m^3$
에스. 에프. 디(sfd)	$1sfd = 1ft^3/sec \cdot day = 2450m^3$

(4) 體積流量

리터	$1l/sec = 10^{-3}m^3/sec$
입방피이트.	$1ft^3/sec = 1cfs = 2{,}83168m^3/sec$
갤론.	
갤론. 海分(gallon per second)	$1gal/sec = 3.79 \times 10^{-3}m^3/sec = 327m^3/day$
갤론, 海日(gallon per day)	$1gal/day = 4.38 \times 10^{-8}m^3/sec$
에이커. 피이트 海日(acre-feet-per day)	$1acre \cdot ft/day = 0.0143m^3/sec$

(5) 時間

分(minute)	$1min = 60sec$
時(hour)	$1hr = 360sec$
日(day)	$1day = 24hr = 86400sec$

(6) 質量

그램 (gram)	$1g = 10^{-3}kg$
톤(tonne)	$1t = 10^3kg$
카랏트(carat)	$1ct = 200mg = 10^{-5}kg$
파운드(pound)	$1lb = 0.45359237kg$

슬러그(slug)	1slug = 14.5939kg
그레인(grain)	$1gr = \frac{1}{7000} lb = 64.7989mg$
온스(ounce)	$1 oz = \frac{1}{16} lb = 28.3495g$
英國톤(ton)	1t = 2240lb = 1016.05kg
美國톤(short ton)	1sh.t = 20001b = 907.185kg

(7) 힘

뉴우톤(Newton:뉴우톤)	$1N = 1kg \cdot m/sec^2$
다 인(dyne)	$1dyne = 1g \cdot cm/sec^2 = 10^{-5}N$
킬로그램(kilogram weihgt)	1kg = 9.80665N
파운드重(pound force)	1lbf = 4.44822N
파운달(poundal)	1pdl = 0.138255N

(8) 에너지, 일

주 울(joule)	1 J = · 1Nm
에르그(erg)	$1erg = 10^{-7}J$
칼로리(thermochemical calorie)	1cal = 4.184J
I.T.칼로리(International steam table calorie)	$1cal_{I.T.} = 4.1868J$
킬로와트·時(kilowatt-hour)	$1Kwh = 3.6 \times 10^6 J$
킬로그램重·미터(kilogram-meter)	$1Kgw \cdot m = 9.80665J$
피이트·파운드重(feet-pound force)	$1ft \cdot 1bf = 1.35582J \times 10^{-2}$
제곱 야아드(square yard)	$1yd = 0.836127m^2$
피이트·파운달(feet-poudal)	$1ft \cdot pdl = 0.0421401J$

(9) 動力

킬로칼로리·海時	1 Kcal/hr = 1.16222W
킬로그램重·메타	$1kgw \cdot m/sec = 9.80665W$
피이트·파운드·	$1ft \cdot lbf/sec = 1.35582W$
佛馬力(metric horse power)	$1 P.S = 75w \cdot m/sec = 735.499W$
英馬力(British horse power)	$1 hp = 745.7W = 550ft \cdot lbf/sec$

(10) SI 단위로 환산 및 SI 단위 접두어

	변 환 기존 단위 → SI 단위	배 수
압 력	kgf/cm^2 → Pa(Passcal)	9.8×10^4
	kgf/m^2 → Pa	9.8
	mH_2o → Pa	9.8
	mmH_2o → Pa	9.8×10^3
에너지, 일량	kgf·m → J(Joule)	9.8
공률, 동력	PS(마력) → W(Watt)	735(=9.8×75)
힘	gf(그램重) → N(Newton)	9.8×10^{-3}
	kgf(킬로그램重) → N	9.8
	tf(톤중) → N	9.8×10^3

Index 찾아보기

ㅎ

인용 및 참고문헌

■ 국외 참고 문헌

1. V.T. CHOW, Open Channel hydraulics, McGraw-Hill, 1959
2. Riddick, T.M., Water and Sewage Works, Vol. 104, p.231, 1957
3. Chow, V.T.(Ed), Handbook of Applied Hyerology, McGraw-Hill, NewYo가, N.Y, 1964
4. Laurie, A.H, Water and Waste Treat, Vol. 8, p.363, 1961
5. Crawford, N.H. and Linsley, R.K, Digital Simulation in Hydrology: Stanford Watershed Model IV, Technical Report No. 39, Stanford University, Stanford, Calif, 1966
6. De Wiest, R.J.M, Geohydrology, John Wiley & Sons, New York, N.Y, 1965
7. Fiering, M.B and Jackson, B.B, Synthetic Streamflows, Water Resources Monograph No. 1, American Geophysical Union, New York, 1971
8. Hammer, N.J. and Mac Kichan, K.A, Hydrology and Quality of Water Resources, John Wiley & Sons, New York, N.Y, 1981
9. Harr, M.E, Groundwater and Seepage, Mcgraw-Hill, New York, N.Y, 1962
10. Kottegoda, N.T, Stochastic Water Resources Technology, Macmillan Press, London. 1980
11. Heaths, W.A., Water and Sewage Works, Vol. 108, p.200, 1961

■ 국내 참고 문헌

1. 강용태, "상하수도공학", 형설출판사, 1995.
2. 건설교통부, 하수도시설기준, 1993.
3. 건설교통부, 하수도시설기준, 1993
4. 노 섭, "응용수문학", 도서출판 청호, 2000.
5. 노 섭, 정용태, "상하수도공학", 도서출판 청호, 2001
6. 송재우, "수리학", 구미서관 1998.
7. 윤용남, "공업수문학", 청문각, 1991.
8. 정규영, "하수도공학", 동명사, 1973
9. 이삼노, 박성천, 물과 현대생활, 구미서관, 2002.
10. 이상도, 노 섭, 상하수도공학, 한솔아카데미, 2017.
11. 한국수자원개발공사 한국의 물 자원 1970
12. 한림학사 물의 이용 2007

저자 소개

노 섭 (박사) 홍익대학교 (토목공학/수자원공학)
(석사) 홍익대학교 (토목공학/수자원공학)
(학사) 홍익대학교 (토목공학)

• 경력 (현재) 여주대학교 건축 · 토목과 정교수
- 한국환경산업기술원 심의평가위원
- 경기도 건설기술심의위원 수자원분야 (2019년~현재)
- 행정안전부 정책자문위원(재난관리)
- 행정안전부 자연재해 저감종합계획 심의위원
- 행정안전부 중앙/지방 재해영향성검토 심의위원
- 행정안전부 재해복구 사전심의위원
- 행정안전부 지방자치단체 재난관리평가위원(2017~현재)
- 행정안전부 안전한국훈련 컨설팅 및 평가위원/지역안전도 평가위원(2017~현재)
- 경기도, 양평 (소)하천관리위원
- 경기도 댐/저수지 안전관리위원, 소하천관리위원
- 한국수자원공사 기술/설계심의위원
- KOICA 기술심의위원
- 경기경찰청 재해재난분야 외래강사
- 전국 법원전문심리위원(수자원 분야)
- 여주지청 검찰위원회
- 여주 도시계획위원
- 여주 상수도 자문회의 위원장
- 여주 하수처리장 용역 및 기술평가위원
- 한강수질모니터링단/수자원공사/환경부

• 학회/역임
- 대한토목학회 정(평생)회원
- 한국수자원학회 정(평생)회원
- 한국방재학회 정(평생)회원/기획위원
- 한국방재협회 정(평생)회원
- 한국방재협회 신기술평가위원
- 재해경감협회 심의위원/반장
- 前 민주평화통일 자문위원
- 한국방재안전학회 정(평생)회원/이사(現)

• 표창
- 한국방재학회 회장 표창(2005. 03.)
- 대통령표창(재해대책분야, 2006. 05.)
- 안전행정부장관 표창(사전재해검토분야, 2013. 12.)

• 저서
- 수리학, 응용수문학, 상하수도공학, 재난관리론 등 16편

하수도시설 **정가 15,000원**

저자 : 노섭

발행인 : 임해진
발행처 : 도서출판 구미서관

인쇄 : 2023년 7월 10일

등록 : 1979년 6월 29일 No.9-6호
주소 : 서울시 마포구 신촌로 2길 5-15 구미빌딩
전화 : 02-333-1101
팩스 : 02-335-2201
http://www.goomibook.com

ISBN 979-11-6257-261-0 (93530)